Md. Shahidul Islam
M. Rafiqul Islam
Md. Rafiqul Islam

Gestão integrada de nutrientes na cultura do arroz

Md. Shahidul Islam
M. Rafiqul Islam
Md. Rafiqul Islam

Gestão integrada de nutrientes na cultura do arroz

Efeito da ureia perfurada, do USG e do estrume de aves de capoeira na propriedade hídrica do arrozal e no crescimento e rendimento do BRRI Dhan49

ScienciaScripts

Imprint

Cover image: www.ingimage.com

This book is a translation from the original published under ISBN 978-620-7-64991-4.

Publisher:
Sciencia Scripts
is a trademark of
Dodo Books Indian Ocean Ltd. and OmniScriptum S.R.L publishing group

120 High Road, East Finchley, London, N2 9ED, United Kingdom
Str. Armeneasca 28/1, office 1, Chisinau MD-2012, Republic of Moldova, Europe
Printed at: see last page
ISBN: 978-620-7-88770-5

ÍNDICE

RESUMO

Foi realizada uma experiência no Laboratório de Campo de Ciência do Solo da Universidade Agrícola do Bangladesh, Mymensingh, durante a época de aman de 2011, para estudar o efeito do supergrânulo de ureia, da ureia comprimida e do estrume de aves de capoeira na propriedade hídrica do arrozal e no crescimento e rendimento do BRRI dhan49. Houve sete tratamentos, tais como T_1: Controlo, T_2: 56 kg N ha^{-1} como USG; T_3: 83,5 kg N ha^{-1} como PU; T_4: 56 kg N ha^{-1} como USG +PM (3.0 t ha^{-1}); T_5: 83,5 kg N ha^{-1} como PU +PM (3,0 t ha^{-1}); T_6: 112,5 kg N ha^{-1} como USG; T_7: 165,0 kg N ha^{-1} como PU. Super fosfato triplo, muriato de potassa, gesso e sulfato de zinco foram aplicados em todas as parcelas experimentais como basal à taxa de 15 kg de P, 50 kg de K, 15 kg de S e 2,5 kg de Zn ha^{-1} respetivamente. Estrume de aves de capoeira @ 3,0 t ha^{-1} foi aplicado antes de 6 dias de transplante. O USG foi colocado a 6 cm a 8 cm de profundidade aos 7 dias após o transplante. Foi recolhida uma amostra de água das parcelas experimentais. Depois de filtrar a amostra de água, a CE e o pH foram medidos. A amostra de água foi analisada quanto à concentração de NH_4^+ . A concentração de NH_4^+ -N na água foi maior quando a PU foi aplicada ao solo em comparação com a aplicação de USG. A maior concentração de NH_4^+ na água foi observada no segundo dia de aplicação de PU e depois diminuiu com o progresso do tempo. O pH da água aumentou com o aumento da concentração de NH_4^+ na água. A CE das amostras de água foi maior na primeira amostragem e diminuiu na segunda e terceira amostragem em todos os tratamentos. A aplicação de 56 kg N ha^{-1} como USG +PM (T_4) produziu o maior rendimento de grãos e palha, que foi estatisticamente semelhante aos encontrados em T_6 (112,5 kg N ha^{-1} como USG) e T_5 (82,5 kg N ha^{-1} como PU + PM), mas significativamente superior aos outros tratamentos. Embora os tratamentos T_4 (56 kg N ha^{-1} como USG + PM), T_6 (112,5 kg N ha^{-1} como USG) e T_5 (82,5 kg N ha^{-1} como PU + PM) tenham sido estatisticamente idênticos, o uso de 3,0 t PM ha^{-1} com 56 kg N ha^{-1} como USG pode ser uma escolha melhor considerando o menor uso de PU e maior uso de PM.

CAPÍTULO 1
INTRODUÇÃO

A alimentação é a primeira necessidade fundamental do ser humano no mundo. O total de terras cultiváveis no Bangladesh está a diminuir de dia para dia. Manter a autossuficiência na produção de alimentos e sustentá-la face a uma pressão populacional cada vez maior continua a ser um dos principais objectivos dos agricultores do Bangladesh. Dado que quase não há margem para a expansão horizontal da área de cultivo devido à limitação dos recursos terrestres, o aumento da produção por unidade de superfície é a única forma de aumentar a produção alimentar. Este facto coloca em evidência a necessidade de uma gestão eficaz dos nossos limitados recursos terrestres, a fim de aumentar e manter a produção agrícola e, ao mesmo tempo, preservar a qualidade dos solos.

O arroz é o alimento básico da população do Bangladesh, intrinsecamente associado à sua cultura, ritos e rituais. Entre os principais países produtores de arroz do mundo, o Bangladesh ocupa o quarto lugar tanto em área como em produção (BRRI, 2007). O arroz não é apenas o principal alimento básico; também fornece quase 40% do emprego nacional total, cerca de dois terços do fornecimento total de calorias e metade da ingestão total de proteínas de uma pessoa média no país. No Bangladesh, o arroz é cultivado em três épocas distintas: aus, aman e boro. Entre elas, o arroz aman cobre a maior área de 9,82 milhões de hectares com uma produção de 12,84 milhões de toneladas (AIS, 2008). Consequentemente, deve ser dada ênfase ao aumento do rendimento do arroz aman através da adoção de uma gestão adequada, especialmente da aplicação judiciosa de fertilizantes. O rendimento médio do arroz no Bangladesh é de 2,21 t ha^{-1} (AIS, 2008). O balanço projetado da oferta e da procura mostra que o país necessitará de 34-35 milhões de toneladas de cereais até ao ano 2020, enquanto a oferta será de 27,33 milhões de toneladas em dois cenários alternativos (Shahabuddin *et al.*, 1999). Assim, os investigadores têm de desenvolver variedades de elevado rendimento e descobrir práticas de gestão adequadas, especialmente a gestão de fertilizantes para as variedades modernas. Até à data, o BRRI lançou 57 variedades modernas de arroz adequadas para cultivo numa ou mais épocas de cultivo de arroz. A BRRI dhan49 é uma variedade moderna adequada para cultivo na estação aman, que produz maior rendimento do que muitas outras variedades.

Os nutrientes das plantas são essenciais para o cultivo das culturas. Entre os nutrientes, o N é o fator de produção mais importante para a produção de arroz em todo o mundo devido às suas grandes necessidades e à sua instabilidade no solo. Na maioria dos casos, os agricultores praticam a difusão superficial de ureia comprimida (PU) para satisfazer as necessidades de N da cultura do arroz. Mas com este método de aplicação perde-se uma grande quantidade de N aplicado através da volatilização, lixiviação, desnitrificação e escoamento superficial de NH_3 (Dhane *et al.*, 1989). Nos solos húmidos de arroz, as plantas de arroz absorvem N principalmente como amónio (NH_4^+), que requer menos energia para ser assimilado em aminoácidos do que o nitrato (Kennedy, 1992). As perdas por volatilização de amoníaco ocorrem em solos de arroz inundados em solos moderadamente a ligeiramente ácidos, embora as perdas sejam maiores em solos alcalinos (De Datta, 1978). A utilização de dióxido de carbono por algas e outros organismos aquáticos para as suas actividades fotossintéticas aumenta o pH da água de inundação, o que leva a perdas substanciais de N por volatilização de amoníaco (Broadbent, 1978). As perdas por volatilização de amoníaco nos solos inundados variam de insignificantes a quase 60% do N aplicado (De Datta, 1985; Xing e Zhu, 2000). Os factores que afectam a volatilização do amoníaco são o pH e a temperatura da água de inundação, o crescimento de algas e de ervas daninhas aquáticas, o crescimento das culturas e as propriedades do solo (De Datta, 1987). Tanto a PU difundida como a aplicada em cobertura e o supergrânulo de ureia (USG) colocado em profundidade (4 cm) em solos de textura grosseira são propensos à volatilização de NH_3 (Buresh, 1987; Sommer *et al.*, 2004). O ião amónio retido no sistema solo-água é rapidamente convertido em nitrito e depois em nitrato através do processo de nitrificação. O ião nitrato está sujeito a perder-se através da desnitrificação e da lixiviação. A desnitrificação segue o processo de nitrificação. Assim, se a nitrificação do amónio em nitrato for atrasada ou reduzida, a perda por desnitrificação será reduzida. A colocação em profundidade de fertilizantes N na zona anaeróbica do solo é um método eficaz para reduzir as perdas por volatilização (Mikkelsen *et al.*, 1978). As perdas por desnitrificação podem ser reduzidas pela colocação em profundidade de fertilizante de ureia (Ding *et al.*,

2002; Fillery e Vlek, 1982). Os fertilizantes de libertação lenta, como a ureia revestida com enxofre, podem reduzir consideravelmente as perdas por desnitrificação (Keeney, 1982; Keeney e Sahrawat, 1986). Como fertilizante alcalino-hidrolisante de N, a ureia influencia a nitrificação através de um aumento transitório do pH com subsequente desnitrificação, levando à formação e libertação de grandes quantidades de N_2 O (Mulvaney *et al.*, 1997; Khalil *et al.*, 2002b). Na zona de colocação de USG, desenvolve-se uma concentração localizada elevada de ureia/NH_4^+ seguida de um aumento do pH do solo através de hidrólise catalisada por enzimas (Singh *et al.*, 1994). Tanto a forma amoniacal como a forma nitrato do azoto são perdidas por lixiviação. No entanto, a forma de nitrato perde-se facilmente devido à sua carga negativa, ao passo que a forma de amónio, com carga positiva, é normalmente adsorvida à rede de argila do solo, que tem carga negativa. O nitrato lixiviado junta-se às águas subterrâneas através da percolação da água através da coluna do solo, por ação da gravidade. A magnitude da lixiviação de N dos fertilizantes varia consoante o estado do solo e o método de aplicação dos fertilizantes (Velu *et al.*, 2001; Vlek *et al.*, 1980; Xing e Zhu, 2000). A lixiviação de nitratos pode ser reduzida através do aumento da eficiência do uso da água nas culturas de arroz. O nitrato é lixiviado para o solo através da água de percolação. Ao aumentar a eficiência do uso da água, pode ser possível reduzir a perda de nitrato por lixiviação (Keeney, 1982). A utilização de adubos de libertação lenta e de inibidores de nitrificação e o empoçamento dos campos de arroz são também formas de reduzir as perdas por lixiviação (Keeney e Sahrawat, 1986; Rao e Prasad, 1980).

A colocação de USG em pontos profundos aumenta a eficiência da utilização de fertilizantes N em arroz de zonas húmidas. A colocação de USG a 8-10 cm de profundidade do solo pode poupar 30% de azoto do que a PU, aumenta a absorção de nutrientes, melhora a saúde do solo e, em última análise, aumenta o rendimento das culturas (Savant *et al.*, 1983). O uso contínuo de fertilizantes químicos acelera o esgotamento da matéria orgânica do solo e prejudica as propriedades físicas e químicas do solo, além de causar deficiências de micronutrientes. A matéria orgânica do solo desempenha um papel importante na preservação da fertilidade e da produtividade do solo e melhora as propriedades físico-químicas do solo, aumenta a atividade microbiana e promove a produção agrícola. O baixo teor de matéria orgânica é uma das razões da baixa produtividade da maioria dos solos do Bangladesh. A matéria orgânica actua como um reservatório de nutrientes para as plantas (principalmente N, P e S) e evita a perda por lixiviação dos elementos vitais para o crescimento das plantas. O papel mais importante da matéria orgânica para a produção de arroz é fornecer N, P e S e regular a imobilização e mineralização de nutrientes no solo. A integração de estrume de aves (PM) e fertilizantes inorgânicos pode facilitar a utilização de nutrientes para o crescimento e produtividade das culturas e repor o estado da matéria orgânica no solo. Uma vez que o PM é o pivô chave da disponibilidade de nutrientes e da manutenção de melhores condições físicas do solo, pode ser um fator essencial para a produtividade das culturas e para um maior rendimento. Já foi referido que as culturas intensivas e a utilização de fertilizantes químicos exerceram uma enorme pressão sobre a matéria orgânica e os nutrientes do solo, resultando na diminuição da produção agrícola. Nos últimos anos, têm-se estabelecido em todo o país explorações avícolas de diferentes dimensões. Os proprietários de explorações avícolas utilizam alimentos concentrados para alimentar as suas aves de capoeira. Consequentemente, os excrementos das aves de capoeira são ricos em nutrientes. Como os excrementos das aves de capoeira não são utilizados como combustível, podem ser uma boa fonte de estrume para as culturas arvenses. O PM contém uma grande quantidade de micronutrientes secundários e micronutrientes, para além de N, P e K, quando o estrume de aves é aplicado nos campos.

Uma estratégia de gestão do solo para uma agricultura sustentável deve basear-se na manutenção da qualidade do solo durante muito tempo. Os fertilizantes químicos são sempre factores de produção dispendiosos para a produção vegetal, especialmente num país em desenvolvimento como o Bangladesh. Num futuro próximo, é provável que os fertilizantes químicos se tornem ainda mais dispendiosos. Por conseguinte, a utilização de PM em combinação com USG pode otimizar as necessidades de N do arroz. A utilização de PM e a sua gestão adequada podem reduzir a necessidade de fertilizantes químicos, permitindo aos pequenos agricultores poupar parte do custo da produção agrícola. Além disso, a poluição ambiental global pode ser reduzida consideravelmente através da redução da utilização de fertilizantes químicos e do aumento da utilização de PM. É verdade que a produção sustentável de culturas pode ser mantida utilizando apenas fertilizantes químicos e, do mesmo modo, não é possível obter um maior rendimento das culturas utilizando apenas estrume orgânico (Bair, 1990). Por conseguinte, são necessários enormes esforços para formular adubos químicos, inorgânicos e a sua combinação que sejam tecnicamente eficazes e exequíveis, economicamente viáveis, socialmente aceitáveis e ambientalmente correctos. Tendo em conta a informação limitada sobre os problemas acima mencionados, o presente estudo foi realizado com os seguintes objectivos

i) Para descobrir o efeito do USG, PU e PM na propriedade hídrica do arrozal, no crescimento e no rendimento do BRRI dhan49.

ii) Examinar o efeito de USG e PU combinados com PM na absorção de nutrientes por BRRI dhan49.

CAPÍTULO 2
REVISÃO DA LITERATURA

O estado de fertilidade do solo do Bangladesh é baixo devido ao fraco teor de matéria orgânica. A rápida degradação da matéria orgânica ocorre devido à elevada pluviosidade e temperatura. A produtividade está intimamente relacionada com a fertilidade do solo, que fornece quase todos os nutrientes essenciais à cultura. Por conseguinte, a melhoria da fertilidade do solo e a manutenção de um bom teor de matéria orgânica são essenciais para a sustentabilidade da fertilidade do solo e da produtividade das culturas. Isto pode ser feito de várias formas, sendo a aplicação de estrume de aves de capoeira a mais conveniente. A PM adiciona mais matéria orgânica ao solo, melhora as propriedades do solo e previne a erosão do solo. A potencialidade da PM como fonte orgânica de nutrientes para as plantas ainda está a ser explorada no contexto do Bangladesh. O azoto é um dos macronutrientes mais limitados no solo do Bangladesh. Este nutriente é geralmente aplicado sob a forma de ureia. Existem diferentes formas de ureia. A USG é uma delas. Muitas experiências foram realizadas por instituições internacionais e algumas foram realizadas no Bangladesh em explorações de investigação e campos de agricultores em condições de regadio e de sequeiro. O rendimento do arroz e os caracteres que contribuem para o rendimento são consideravelmente influenciados por PU, USG e a sua combinação com PM. Uma melhor compreensão destes efeitos no arroz facilitará o desenvolvimento de práticas adequadas de gestão do solo para uma melhor produção desta cultura. Alguns dos trabalhos pertinentes para o presente estudo são revistos e discutidos neste capítulo.

2.1 Efeito da PU no crescimento e rendimento do arroz

Numa experiência de campo em solo argiloso em Haryana, Singh e Om (1993) observaram que o rendimento mais elevado de grãos de arroz de 5,71 t ha^{-1} foi obtido com a aplicação de 120 kg N ha^{-1} em três parcelas de 50% no empoçamento + 25% aos 21 dias após o transplante (DAT) + 25% aos 42 DAT no máximo perfilhamento e iniciação primordial e floração, respetivamente, produziu o maior rendimento de grãos.

BINA (1996) observou que o maior número de perfilhos produtivos por colina foi obtido com o maior nível de nitrogénio (120 kg ha).$^{-1}$

Wopereis *et al.* (2002) afirmaram que os rendimentos do arroz aumentaram significativamente como resultado da aplicação de N em dois tratamentos N (aplicados no início do perfilhamento e no início da panícula) com um total de aproximadamente 120 kg N ha^{-1} nos campos dos agricultores.

Singh e Shivay (2003) avaliaram que a colina de perfilhos efetivos^{-1} foi significativamente afetada pelo nível de nitrogênio e níveis crescentes de nitrogênio aumentaram significativamente o número de perfilhos efetivos por colina.

Dongarwar *et al.* (2003) efectuaram uma experiência de campo em Shandara, Maharashtra, Índia, para investigar a resposta do arroz (KJTRH-1), Jaya e Sawarna a 4 taxas de fertilizantes, ou seja, 75, 100, 125 e 150 kg N ha^{-1} . Registou-se um aumento significativo do rendimento de grãos com o aumento sucessivo da taxa de fertilizante. O maior rendimento de grãos (53,05 q ha^{-1}) foi obtido com 150 kg N ha^{-1} e KJSTRH-1 produziu um rendimento significativamente maior do que Jaya (39,64 q ha^{-1}) e Sawarna (46,06 q ha^{-1}).

Salam *et al.* (2004) realizaram uma experiência para determinar o nível de azoto (0, 40, 80 e 120 kg ha^{-1}) e o maior rendimento de grãos foi registado com a aplicação de 80 kg N ha^{-1} .

Sidhu *et al.* (2004) relataram que os fertilizantes nitrogenados aumentaram substancialmente o rendimento médio de grãos do Basmati até 40 kg N ha^{-1} na sequência Basmati-trigo em pousio, enquanto 60 kg N ha^{-1} reduziu o rendimento do Basmati. Em comparação com o tratamento Não, o rendimento médio de grãos de Basmati aumentou em 0,31, 0,40 t ha^{-1} em doses de 20 e 40 kg N ha^{-1} , respetivamente.

Mashkar e Thorat (2005) realizaram uma experiência de campo durante a época de kharif de 1994 em Konkan, Maharashtra, Índia, para estudar os efeitos de diferentes níveis de azoto (0, 40, 80 e 120 kg N ha^{-1}) na absorção de N, P e K e no rendimento de grãos de cultivares de arroz perfumado (Pula Basmati 1, Kasturi, Indrayani e Sugandha). Os diferentes níveis de N tiveram um efeito significativo no aumento da absorção de nutrientes N, P e K e na produção de grãos e palha de arroz. A aplicação de 120 kg N ha^{-1} registou uma absorção significativamente maior de N, P e K no arroz, em comparação com os restantes níveis de N. Cada incremento de 40 kg N ha^{-1} de 0 a 120 kg N ha^{-1} aumentou a absorção total de N em 49,55, 34,30 e 27,17%, a absorção total de P em 40,33, 27,06 e 20,32% e a absorção total de K em 32,43, 20,70 e 17,25%, respetivamente.

Rahman *et al.* (2005) determinaram o nível de azoto e verificaram que o rendimento do grão de arroz aumentava com o aumento dos níveis de azoto e que o rendimento mais elevado (4,19 t ha^{-1}) era obtido com 150 kg N ha^{-1} , enquanto o aumento do nível de azoto diminuía o rendimento do grão. Estimou-se que o rendimento de grãos com 150 kg N ha^{-1} foi 35,8, 18,9, 5,0 e 6,0% maior do que os obtidos com 0, 50, 100 e 200 kg N ha^{-1} , respetivamente.

Dwivedi *et al.* (2006) realizaram experiências de campo para avaliar os efeitos dos níveis de azoto no crescimento e rendimento do arroz híbrido. Verificaram que 184,07 kg N ha^{-1} era a taxa óptima para obter o maior rendimento.

Ahammed (2008) observou que a área foliar aumentou com o aumento do nível de aplicação de azoto de 40 kg N ha^{-1} até 120 kg N ha^{-1} .

Mizan (2010) relatou que a maior altura de planta 983,32cm) foi obtida com 160 kg N ha^{-1} seguido de 120 kg N ha^{-1} .

Razib (2010) observou que a maior altura de planta (100,2cm) quando 120 kg N ha^{-1} foi aplicado.

Das (2011) encontrou o maior rendimento de grãos (4,28 t ha^{-1}) no tratamento U_4 (240 kg PU ha^{-1}) e o menor rendimento de grãos (3,06 t ha^{-1}) no tratamento U_1 (sem aplicação de nitrogénio).

2.2 Efeito do USG no crescimento e rendimento do arroz

Kumar e Singh (1983) efectuaram uma experiência com arroz cv. Hindhum cultivado através da aplicação de 29-116 kg N ha^{-1} em condições de inundação e afirmaram que 87 kg N ha^{-1} sob a forma de USG deu o maior rendimento, que foi 14,4% superior em comparação com a aplicação dividida de ureia.

Ali (1985) efectuou ensaios de campo com arroz cv. BR3 em solos de planície de inundação cinzentos e terraços castanhos vermelhos, aplicando N como PU, USG ou SCU, imediatamente antes ou depois da transplantação ou em 2-3 parcelas. Ele afirmou que a colocação profunda de USG foi superior a 2 ou 3 aplicações de PU em ambos os solos e USG foi superior em todas as taxas de N; 62 kg N ha^{-1} deu a maior produção de grãos kg^{-1} N aplicado em ambos os solos. Em geral, a produção de grãos aumentou com o aumento da aplicação de N até 124 ou 155 kg N ha^{-1} independentemente da gestão.

Manickam e Ramaswami (1985) afirmaram que os maiores rendimentos de grãos, variando de 3,4 a 4,6 t ha^{-1} , foram obtidos com USG, seguido por PPDU e PU.

Rajagopalan e Palaniasamy (1985) efectuaram uma experiência com arroz cv. TK 43 dando 50 ou 75 kg de N ha^{-1} como ureia revestida de neem-cake, ureia revestida de carvão e USG na estação Kharif. Eles descobriram que os maiores rendimentos de grãos e palha e altura da planta (83 cm), número de panículas^{-1} (10), comprimento da panícula (21 cm) e número de grãos cheios^{-1} (85) foram obtidos com 75 kg N ha^{-1} como USG.

Sen *et al.* (1985) evidenciaram que os rendimentos médios foram aumentados em 20% (em 1983) e 46% (em 1982) em relação à ureia isolada em três parcelas de tratamento devido à colocação de USG.

Singh e Singh (1986) relataram que a colocação profunda de USG resultou na maior altura de planta do que a PU.

Raja *et al.* (1987) realizaram uma experiência com arroz cv. Pravath e seis formas diferentes de azoto e mencionaram que o azoto como USG deu o maior rendimento médio de 5,44 t ha^{-1} comparado com 4,64-4,92 t ha^{-1} para o azoto em cinco outras formas e o USG a 75 kg N ha^{-1} deu o maior rendimento de 7,21 t ha^{-1} .

Jee e Mahapatra (1989) observaram que o número de panículas m^{-2} foi significativamente maior a 90 kg ha^{-1} como USG colocado em profundidade do que a aplicação dividida de PU.

Krishnappa *et al.* (1986) constataram que o fertilizante de libertação lenta teve melhor desempenho do que o PU em todos os níveis de N e o rendimento com SCU ou USG a 38 kg ou 75 kg ha^{-1} foi semelhante ao rendimento com PU a 113 kg N ha^{-1} , mas o rendimento diminuiu com SCU ou USG a 150 kg N ha^{-1} .

Chakravorti *et al.* (1989) relataram que a aplicação de N como USG @ 37,5, 75,0 e 112,5 kg N ha^{-1} deu um rendimento de arroz de 3,85, 5,22 e 5,48 t ha^{-1} , respetivamente, em comparação com 3,10, 4,29 e 4,97 t ha^{-1} respetivamente, com N como PU e 1,95 t ha^{-1} sem N.

Sen e Pandey (1990) efectuaram um ensaio de campo para estudar o efeito da colocação de USG (5, 10 ou 15 cm de profundidade) e da difusão de PU no rendimento do arroz de Mashuri alto de longa duração e Madhuri anão de curta duração. Verificaram que todas as profundidades de colocação de USG resultaram em caracteres de rendimento significativamente mais elevados, exceto o comprimento da panícula, do que a difusão de PU.

Kamal *et al.* (1991) conduziram uma experiência de campo com diferentes níveis de nitrogênio @ 29, 58, 87 kg ha^{-1} como USG. Entre as três doses de N, o total de perfilhos foi maior quando 87 kg ha^{-1} foi aplicado, perfilhos produtivos também seguiram uma tendência similar.

Narayanan e Thangamuthu (1991) efectuaram experiências de campo com arroz cv. TKM9 e IR20 em Coimbatore, Tamil Nadu em 1984-85, N foi aplicado a 30, 60 ou 90 kg ha^{-1} usando USG colocado a uma profundidade de 10 cm na parcela principal. Observaram que os rendimentos máximos de grão e palha foram obtidos com 90 kg de N ha^{-1} , enquanto os mais baixos foram obtidos com o tratamento de controlo.

Reddy *et al.* (1991) efectuaram uma experiência de campo em 1984 para estudar os efeitos de diferentes fontes de N no arroz cv. Jaya e Mangala. Verificaram que o rendimento de grãos mais elevado, de 5863 kg ha^{-1} , foi encontrado na cv. Jaya tratada com 112 kg ha^{-1} de USG colocado na zona radicular.

Singh *et al.* (1993) revelaram que o rendimento de grãos e a absorção de N aumentaram com o aumento das taxas de aplicação de N e foi maior com a colocação profunda de USG.

Bhardwaj e Singh (1993) observaram que a colocação de 84 kg de N como USG produziu um rendimento de grãos de 6,8 t ha^{-1} que foi semelhante à colocação de 112 kg de USG.

Os maiores rendimentos médios de grãos de 6,68 e 6,59 t ha^{-1} foram obtidos com aplicação dividida de 80 kg N ha^{-1} como PU + dicianodiamida e por aplicação basal de 80 kg N ha^{-1} como USG, respetivamente (Tomar e Verma, 1993).

Das e Singh (1994) relataram que o rendimento de grãos e a eficiência de uso de N pelo arroz foram maiores para o USG colocado em profundidade do que para o USG transmitido e incorporado ou três aplicações divididas de PU.

Bhuiyan *et al.* (1998) concluíram que o benefício económico devido ao USG em relação à PU era muito elevado durante a estação de boro do que na estação de transplante de aman e que o benefício era maior com uma taxa mais baixa de aplicação de USG em ambas as estações.

Mishra *et al.* (1999) observaram que a aplicação de azoto aumentava a altura da planta, o comprimento da panícula, o número de $perfilhos^{-1}$, a absorção de azoto e, consequentemente, o rendimento em grão e palha do arroz de terras baixas e observaram também que 76 kg N ha^{-1} como USG produzia os melhores resultados.

Wani *et al.* (1999) realizaram uma experiência de campo sobre a eficiência de algumas fontes de ureia de libertação lenta ou modificadas em diferentes níveis de N e descobriram que o USG @ 120 kg N ha^{-1} foi o melhor na produção e atributos de rendimento do arroz.

Akhter (1999) observou que a colocação de USG @ 2 grânulos por 4 colinas influenciou significativamente a altura da planta.

Ahmed *et al.* (2000) revelaram que a USG foi mais eficiente do que a PU em todos os níveis de azoto na produção de todos os componentes de rendimento e, por sua vez, rendimentos de grãos e palha. A colocação de USG @ 160 kg N ha^{-1} produziu o maior rendimento de grãos (4,32 t ha^{-1}) que foi estatisticamente idêntico ao obtido com 120 kg N ha^{-1} como USG e significativamente superior ao obtido com qualquer outro nível e fonte de azoto.

Alom (2002) observou que o peso de 1000 grãos não foi influenciado pelo nível de USG.

Rahman (2003) constatou que duas USG por 4 colinas produziram os maiores rendimentos de grãos e palha (5,22 e 6,09 t ha^{-1} , respetivamente).

Jena *et al.* (2003) relataram que a colocação em profundidade de USG melhorou significativamente o rendimento dos grãos e da palha e a eficiência da utilização do azoto no arroz e reduziu a perda de amoníaco por volatilização em relação à aplicação de PU.

Wang (2004) realizou uma experiência de campo em Taiwan para investigar o efeito da colocação em profundidade de fertilizantes e da aplicação de azoto em cobertura no rendimento do arroz e para desenvolver um método simples para diagnosticar o nível de azoto (N) em cobertura durante a fase de iniciação da panícula. A colocação em profundidade de fertilizante azotado promoveu a absorção de azoto, o azoto dos grãos e o índice de colheita de azoto, resultando numa maior produção de matéria seca, índice de colheita e maior rendimento de grãos de arroz em comparação com a aplicação convencional de azoto. Da mesma forma, a aplicação de azoto na fase de iniciação da panícula também aumentou a absorção de azoto, a produção de matéria seca, o índice de colheita de azoto, o índice de colheita e o rendimento de grãos das plantas de arroz.

Bowen *et al.* (2005) efectuaram 531 ensaios em explorações agrícolas durante as estações boro e aman em 7 distritos do Bangladesh, entre 2003 e 2004. Os resultados mostraram que a UDP (colocação profunda de USG) aumentou o rendimento de grãos em 1120 kg ha^{-1} e 890 kg ha^{-1} durante as estações boro e aman, respetivamente.

Mazumder *et al.* (2005) relataram que diferentes níveis de nitrogênio influenciaram o rendimento de grãos e de palha com a aplicação de 100% RD de N (99,82 kg N ha^{-1}) que foi estatisticamente seguido por outros tratamentos em ordem decrescente. O maior rendimento de grãos (4,86 t ha^{-1}) foi obtido com 100% RD de N e o menor (3,801 ha^{-1}) sem aplicação de nitrogênio.

Hasan (2007) realizou uma experiência durante a época do aman de 2006 e registou o aumento do número de perfilhos por colina com o aumento do nível de azoto como USG. Ele mostrou que diferentes níveis de USG não tiveram nenhum efeito significativo no peso de 1000 grãos de três cultivares de arroz aman.

Dhyani *et al.* (2007) realizaram uma experiência para verificar a economia, o potencial de rendimento e a saúde do solo do sistema de cultivo de arroz (*Oryza sativa*)-trigo (*Triticum aestivum*) sob experimentação de fertilizantes a longo prazo. Os resultados mostraram que o equilíbrio dos nutrientes das plantas melhorou a eficiência da utilização do azoto e a relação custo/benefício mais elevada foi obtida com a aplicação de 100% de N apenas.

Das (2011) observou que o maior número de perfilhos totais na colina^{-1} (13,14) foi produzido no tratamento U_3 (1,8 g USG 4hill^{-1}) e o menor número de perfilhos totais na colina^{-1} (8,57) foi produzido no tratamento U_1 (sem aplicação de fertilizante nitrogenado).

Tahura (2011) encontrou o maior rendimento de grãos (3,38 t ha^{-1}) em U_3 (1,8 g USG 4 hill^{-1}) e o menor rendimento de grãos (1,99 t ha^{-1}) em U_1 (controlo).

Jun *et al.* (2011) realizaram uma experiência num campo de arroz com diferentes sistemas de rotação de culturas e determinaram as taxas de aplicação de azoto, o teor de azoto nas águas superficiais, a perda de azoto por escoamento, a fertilidade do solo e o rendimento do arroz. Com base na experiência, a aplicação de fertilizantes químicos de azoto durante a época do arroz nos sistemas de rotação alfafa-arroz ou centeio-arroz pode ser reduzida, mas não no sistema de rotação trigo-arroz em Yixing, província de Jiangsu. Os sistemas de rotação alfafa-arroz e centeio-arroz aumentaram o teor de azoto no solo, promoveram a absorção de azoto pelo arroz e melhoraram significativamente o rendimento do arroz.

2.3 Efeito da PM no crescimento e rendimento do arroz

Singh *et al.* (1987) observaram que o nitrogênio do PM @ 60, 120 e 180kg N ha^{-1} produziu rendimentos de grãos de arroz equivalentes àqueles com 37, 96 e 168 kg N ha^{-1} como uréia, respetivamente, e também observaram que, com base na absorção de N, o PM N foi 80% tão eficiente quanto o N da uréia em todas as taxas de aplicação.

Jeong *et al.* (1996) estudaram os efeitos da aplicação de matéria orgânica no crescimento do arroz e na qualidade do grão e referiram que 5 t de PM ha fermentada^{-1} nos campos de arroz aumentavam o teor de N nas plantas.

Singh *et al.* (2001) estudaram o efeito da PM em condições de irrigação com azoto no sistema de cultivo de arroz e trigo num Alfisols de Bilaspur, Madhya Pradesh, Índia. Os tratamentos consistiram em PM isoladamente e em combinação com fertilizante azotado. A biomassa das raízes e dos rebentos em diferentes fases de crescimento aumentou com a aplicação de azoto e de estrume de aves, isoladamente e em combinação. A biomassa das raízes e dos rebentos foi mais elevada com 100% de azoto através de PM, seguida de 75% de azoto através de PM e 25% de azoto através de ureia.

Channabasavanna e Birandar (2001) observaram que o rendimento do grão aumentou com cada incremento da aplicação de PM e foi máximo a 3 t PM ha^{-1} que foi 26 e 19% superior ao do controlo durante 1998 e 1999, respetivamente, e o aumento significativo foi observado até 2 t PM ha^{-1} .

Channabasavanna e Birandar (2001) realizaram uma experiência com quatro fontes de adubo orgânico (FYM 7 t ha^{-1} , casca de arroz 5 t ha^{-1} , PM 2 t ha^{-1} e lama de prensa 2 t ha^{-1}), um controlo e 3 níveis de zinco (0, 25 e 50 kg $ZnSO_4$ ha^{-1}). A aplicação de PM com 25 kg de $ZnSO_4$ ha^{-1} registou rendimentos significativamente mais elevados do que os restantes tratamentos. O efeito residual foi mais proeminente quando a casca de arroz foi aplicada. Também citaram que o estrume orgânico aumentou a $panícula^{-1}$ e a panícula de $sementes^{-1}$.

Umanah *et al.* (2003) efectuaram uma experiência de campo para estudar o efeito de diferentes taxas de PM no crescimento, componentes de rendimento e rendimento do arroz de terras altas cv. Faro 43 na Nigéria, durante as primeiras épocas de produção agrícola de 1997 e 1998. Os tratamentos incluíram 0, 10, 20 e 30 t PM ha^{-1} . Houve diferença significativa na altura da planta, comprimento dos entrenós, número de $perfilhos^{-1}$, número de $panículas^{-1}$, número de $grãos^{-1}$, e rendimento de grãos secos. Não houve variação significativa entre os tratamentos para o peso de 1000 grãos.

Usman *et al.* (2003) efectuaram uma experiência de campo para estudar os efeitos da alteração orgânica (FYM, PM) no desempenho do arroz cv. Basmti-2000 em Faisalabad, Paquistão. A PM apresentou o índice máximo de área foliar (46,46%). O tratamento também produziu o maior número de grãos por $panícula^{-1}$, peso de 1000 grãos e rendimento de palha.

Reddy *et al.* (2004) efectuaram um estudo de campo durante dois anos (2001 e 2002) no campo dos agricultores no distrito de Kolar (zona seca oriental, Karnataka, Índia) para estudar o efeito de diferentes adubos orgânicos no crescimento e rendimento do arroz sob irrigação em tanque. O PM e as lamas de depuração produziram melhores componentes de crescimento, nomeadamente, altura da planta, número de perfilhos^{-1} , comprimento da panícula e peso de 1000 grãos.

Ogbodo *et al.* (2005) realizaram um estudo para comparar a resposta do arroz a adubos orgânicos e inorgânicos em Abakaliki, no sudeste da Nigéria, entre as épocas de cultivo de 2002 e 2003 (abril-novembro). No entanto, doses de aplicação de estrume orgânico superiores a 20 t ha^{-1} reduziram o crescimento das plantas e o rendimento dos grãos. As lamas de depuração e os excrementos de aves de capoeira a 20 t ha^{-1} foram, portanto, concluídos como uma alternativa viável à ureia na produção de arroz na área de estudo.

Das (2011) observou que o maior rendimento de grãos (4,47 t ha^{-1}) foi produzido no tratamento P_3 (PM a 7,0 t ha^{-1}) e o menor rendimento de grãos (3,09 t ha^{-1}) foi produzido no tratamento P_1 (sem aplicação de PM).

Murad (2011) observou o maior número de grãos de panícula^{-1} (140,4) em T_7 (PM a 5 t ha^{-1}) e o menor número de grãos de panícula^{-1} (95,35) em T_1 (controlo).

2.4 Efeito combinado de N inorgânico e PM no crescimento e rendimento do arroz

Maskina *et al.* (1985) observaram que 120 kg N ha^{-1} foi significativamente superior a 60 kg N ha^{-1} em termos de MS, altura da planta e qualidade das plântulas de arroz. A adição de PM, Azolla e FYM melhorou a qualidade das mudas em 54, 21 e 10%, respetivamente, em comparação com o N sozinho.

Maskina *et al.* (1988) estudaram a resposta do arroz de terras húmidas à aplicação de N num solo de areia argilosa emendado com estrume de vaca (60 kg N ha^{-1}) e PM (80 kg N ha^{-1}). Observaram que, na ausência de ureia N, a PM aumentou o rendimento do grão de arroz em 98%, o que foi 2,6 vezes mais elevado do que o estrume de vaca (37%) e o rendimento aumentou linearmente com a taxa de N, quando o solo foi ou não corrigido com estrume orgânico.

Calendacion *et al.* (1990) observaram que o rendimento total mais elevado foi produzido pelo arroz que seguiu 220-70-70 kg NPK + 12 t PM ha^{-1} .

Budhar *et al.* (1991) estudaram o efeito dos resíduos agrícolas no arroz de terras baixas. Verificaram que o rendimento de grãos do IR60 foi o mais elevado com a aplicação de PM (6,63 t ha^{-1}), seguido de *Sesbania rostrata* (6,64 t ha^{-1}) e o mais baixo sem aplicação de estrume (5,17 t ha^{-1}). Eles também descobriram que a altura da planta foi significativamente influenciada pela incorporação basal de resíduos agrícolas.

Lu *et al.* (1991) observaram que a utilização de N pelas plantas de arroz era de 22-24% de PM e 35-53% de ureia, mas o N residual nos solos era de 30-42% de PM e 23-33% de ureia.

Singh *et al.* (1996) efectuaram uma experiência de campo na Índia onde o arroz irrigado recebeu 60, 120 ou 180 kg N ha^{-1} ano^{-1} como PM, ureia ou PM + ureia. No primeiro ano, o PM não teve melhor desempenho do que a ureia, mas no terceiro ano, 120 e 150 kg N ha^{-1} como PM produziram rendimentos de grãos significativamente mais elevados do que as mesmas taxas de ureia e o PM manteve o rendimento de grãos de arroz durante os três anos, enquanto o rendimento diminuiu com a ureia.

Babu *et al.* (2000) observaram que a aplicação de FYM, fertilizantes NPK, PM e FYM + N resultou em rendimentos de grãos e palha significativamente mais elevados do que o controlo e FYM + N produziu o maior rendimento de arroz, panículas mais longas e mais pesadas, maior peso de grãos e maiores retornos líquidos para Rasi e KRH-1.

Rajni Rani *et al.* (2001) avaliaram a resposta do arroz a diferentes combinações de vermicomposto (VC), PM e fertilizantes azotados. Os resultados mostraram que todos os tratamentos integrados aumentaram significativamente a altura da planta, o número de panículas efectivas^{-1} e o peso seco da panícula^{-1} em relação ao tratamento com a dose completa de N através da ureia. Além disso, propuseram que a eficiência agronómica era mais elevada no caso de tratamentos integrados do que utilizando apenas fertilizantes. Finalmente, concluíram que a aplicação combinada de 2/3 de N através de fertilizante + 1/3 de N através de estrume tem um maior potencial de gestão para as culturas de arroz.

Azad e Leharia (2002) realizaram uma experiência de campo durante a Kharif de 1995 e 1996 em Jammu, Índia, para investigar o efeito da aplicação de NPK com e sem PM (PM a 10 t ha^{-1}) e Zn (como $ZnSO_4$ a 20 kg ha^{-1}) no crescimento e rendimento do arroz cv. PC-19. Os resultados indicaram que a aplicação de PM em combinação com diferentes níveis de NPK exibiu um aumento significativo nos perfilhos efectivos por colina e nos rendimentos de grãos e palha em relação ao NPK. O maior rendimento de palha (13187 kg ha^{-1}) foi registado em T_7 e o menor em T_4 .

Hasan *et al.* (2004) estudaram os efeitos combinados de PM e combinações de fertilizantes inorgânicos (NPKS) em duas variedades de arroz aromático (BRRI dhan34 e Kalizira). As combinações de PM e fertilizantes inorgânicos tiveram um efeito significativo na maioria dos caracteres da cultura.

Mahavishnan *et al.* (2004) realizaram uma experiência de campo durante a época Kharif de 2000 em Andhra Pradesh, Índia, para investigar os efeitos de fontes de fertilizantes orgânicos no crescimento e rendimento do arroz cv.BPT-5204. A experiência incluiu N: P: K a 75, 100 e 125 % da taxa recomendada (RDF, 120: 60: 40 kg ha^{-1}), combinada com estrume de curral (FYM) a 10 t ha^{-1} , PM a 5 t ha^{-1} e glyricidia (*Gliricidia sp.*) a 10 t ha^{-1} , isoladamente com controlo e aplicação de fertilizantes com base na resposta da cultura testada (N: P: K a 104: 52: 74 kg ha^{-1}). O crescimento da cultura e o rendimento foram maiores com 125% RDF + PM e 100% RDF + PM em comparação com os outros tratamentos.

Vennila *et al.* (2007) realizaram uma experiência de campo na estação rabi para desenvolver uma prática de gestão integrada do N para sistemas de cultivo duplo de arroz (cv. ADT 38) + dhaincha com sementes húmidas. Relataram que a dose recomendada de 75% de fertilizante N + 25% de N como PM aumentou o crescimento, os atributos de rendimento e o rendimento e absorção de nutrientes do arroz, maior azoto e fósforo disponíveis no solo.

Rani *et al.* (2009) realizaram uma experiência no homem para avaliar o potencial de produção de arroz orgânico (*Oryza sativa* L.). O trigo foi cultivado em rotação num solo franco-arenoso com adubo verde de feijão-frade antes da sementeira do arroz e fontes orgânicas convencionais (estrume de quinta e composto de fósforo de palha de arroz) para cultivar o trigo. O rendimento do arroz variou de 4,27 t ha^{-1} no controlo a 5,75-6,07 t ha^{-1} nos tratamentos com adubo verde de feijão-frade. O rendimento relativo do arroz e do trigo orgânicos (tratamento com adubo verde e estrume de jardim) em relação aos fertilizantes químicos recomendados foi de 86, 54 e 59%, respetivamente. O tratamento com estrume não afectou o teor de nutrientes do grão de arroz.

Lin *et al.* (2009) realizaram experiências para estudar a substituição óptima de fertilizante mineral-nitrogénio (N) parcial por fertilizante orgânico-N e para fornecer uma base para o desenvolvimento comercial de fertilizantes orgânicos e minerais mistos para o arroz. Foram efectuadas experiências com diferentes taxas de substituição e quatro taxas de fertilizante N. Concluíram que a aplicação de uma mistura de fertilizante mineral-N e fertilizante orgânico-N tinha um efeito melhor ou igual no rendimento dos grãos de arroz e que a eficiência da utilização do N podia ser significativamente aumentada em comparação com a aplicação única de fertilizante mineral azotado.

Fang *et al.* (2010) realizaram uma experiência para verificar os efeitos dos fertilizantes inorgânicos combinados com estrume de curral, estrume verde, aplicação de palha e escória de fósforo na fertilização de arrozais com baixa produtividade e o rendimento do arroz foi estudado para melhorar a fertilidade dos arrozais com baixa produtividade em Guizhou. Os resultados mostraram que as medidas abrangentes de fertilização poderiam alcançar os efeitos de alto rendimento de arroz e fertilização do solo de arrozais amarelos com baixa produtividade.

Qian *et al.* (2011) realizaram uma experiência para verificar os efeitos da aplicação de estrume orgânico no rendimento do arroz e na fertilidade do solo numa região de dupla cultura de arroz no sul da China. Foram examinados cinco tratamentos diferentes com fertilizantes químicos e orgânicos misturados, sem fertilização (CK), apenas fertilizantes químicos de N, P e K (NPK), 70% de fertilizantes químicos e 30% de estrume orgânico (70F+30M), 50% de fertilizantes químicos e 50% de estrume orgânico (50F+50M) e 30% de fertilizantes químicos e 70% de estrume orgânico (30F+70M) com as suas réplicas. Os resultados revelaram que a aplicação de estrume orgânico combinada com fertilizantes químicos foi 65,4%-71,5% ($P<0,05$) superior ao CK, e 3,9%-7,8% ($P<0,05$) superior ao tratamento NPK no rendimento.

Das (2011) observou que o maior rendimento de grãos (5,52 t ha^{-1}) foi produzido no tratamento P_3 X U_4 (PM a 7,0 t ha^{-1} mais 240 kg PU ha^{-1}) e o menor rendimento de grãos (2,86 t ha^{-1}) foi produzido no tratamento P_1 X U_1 (sem aplicação de PM e fertilizante nitrogenado).

Murad (2011) observou o maior rendimento de grãos (5,15 t ha^{-1}) do T_7 (2,7 g USG 4 $hill^{-1}$ + PM a 7,5 t ha^{-1}) e o menor rendimento de grãos (3,61 t ha^{-1}) do controlo.

2.5. Efeito de diferentes formas de fertilizante N na absorção de azoto pela planta de arroz e na eficiência de utilização do N

De várias formas e métodos de aplicação de fertilizantes N ao arroz cultivado em condições de alagamento, a colocação de N como USG (1 g de tamanho) na zona da raiz no transplante foi mais eficaz no aumento da produção de matéria seca, rendimento do arroz, absorção de N e recuperação aparente do N aplicado, seguido de SCU incorporado antes do transplante. O rendimento e a recuperação de N foram os mais baixos com a ureia aplicada como dose basal (Rambabu *et al.*, 1983).

Ali (1985) efectuou ensaios de campo com arroz cv. BR3 em solos de planície de inundação cinzentos e terraços castanhos vermelhos, aplicando N como PU, USG imediatamente antes ou depois da transplantação ou em 2-3 parcelas. Observou que a eficiência da utilização de N era significativamente mais elevada com USG do que com a ureia em duas parcelas.

Mohapattra (1988) afirmou que apenas 1% e 2% de perda por volatilização de NH_3 do USG em ambas as estações húmidas e secas, enquanto as perdas foram de 4 e 6% de PU nestas estações, respetivamente.

Mohanty *et al.* (1989) avaliaram os efeitos do USG e da PU na recuperação de azoto. Relataram que a recuperação de azoto tanto pela palha como pelo grão foi maior com USG do que com PU nas estações húmida e seca. As perdas de azoto foram 20% menores com USG do que com PU.

Chalam *et al.* (1989) relataram que a aplicação de N @ 37,5, 75 ou 112,5 kg ha^{-1} como USG ou PU deu rendimentos de arroz de 3,15-3,53, 4,06-4,32 e 3,66-3,75 t ha^{-1} em comparação com 2,20 t ha^{-1} sem nitrogénio. Os rendimentos, a absorção de N e a percentagem de recuperação do uso de N foram maiores com N como USG do que PU.

Sing *et al.* (1990) realizaram uma experiência de campo em arroz utilizando USG, ureia revestida com enxofre e PU @ 87, 58 e 116 kg N ha^{-1} respetivamente. Eles observaram que a colocação profunda de USG deu a maior eficiência de uso de N do que outras duas formas de ureia.

Sarker e Bastia (1991) estudaram o efeito de 80 kg de N ha^{-1} no transplante em 7 formas diferentes de N, ou não receberam N. Observaram que o rendimento de grãos foi de 2,10 t ha^{-1} sem N e entre as fontes de N variou de 2,66 t ha^{-1} com PU a 3,89 t ha^{-1} com ureia de grânulos grandes (LGU). Também observaram que a absorção de N foi maior com LGU e USG, enquanto a eficiência agronómica relativa foi maior com USG.

Singh e Yadav (1993) realizaram uma experiência em arroz com N @ 37,5, 75 ou 112,5 ou 150 kg ha^{-1} como 8 fertilizantes à base de ureia. Eles observaram que a recuperação de N diminuiu com o aumento do nível de N de 90-112,5 kg ha^{-1} . A recuperação do fertilizante foi a mais elevada com USG e a mais baixa com PU.

Uma experiência de campo foi conduzida durante a estação boro na fazenda Gazipur para comparar entre a difusão superficial de PU e a colocação pontual de USG para a eficiência do uso de N na cultura de arroz molhado @ 100 e 80 kg N ha^{-1} respetivamente. A colocação profunda de USG foi considerada um meio eficaz de aumentar a eficiência da utilização de N em arroz de terras húmidas (BRRI, 1995).

Pandey e Tiwary (1996) efectuaram uma experiência de campo com arroz utilizando USG, ureia revestida de neem e PU. Observaram que o rendimento de grãos e a eficiência de utilização de N eram significativamente mais elevados com N como USG.

Dubey e Besin (1998) estudaram o teor de N em amostras de plantas e a absorção de N com os métodos de aplicação e observaram que o teor mais elevado de N era obtido com o USG utilizando o método de colocação em profundidade.

Singh e Singh (1998) salientaram que a colocação em profundidade de USG se revelou superior em termos de rendimento de grão e palha, absorção de azoto e eficiência de utilização do azoto em relação à PU.

Mishra *et al.* (1999) observaram que a eficiência relativa do USG aumentou em 40% em relação à PU. A recuperação aparente de N no arroz também aumentou de 21% para PU para 40% para USG. O arroz mostrou uma maior resposta ao N após a colocação de USG do que a aplicação dividida de PU.

Jena *et al.* (2003) relataram que a colocação em profundidade de USG melhorou significativamente o rendimento dos grãos e da palha e a eficiência da utilização do azoto no arroz e reduziu a perda de amoníaco por volatilização em relação à aplicação de PU.

Siddika (2007) realizou uma experiência utilizando PU e USG e verificou que a eficiência da utilização de N era mais elevada com o USG em comparação com o PU.

A partir das revisões acima citadas, é evidente que as USG têm uma influência pronunciada nos caracteres que contribuem para o rendimento e no rendimento da planta de arroz. Muitos investigadores referiram que o nível de USG teve efeitos diferentes nos caracteres da cultura e no rendimento do arroz transplantado e também mostrou uma maior eficiência na utilização de N. As variedades diferiram nos caracteres que contribuem para o rendimento e no rendimento com a aplicação de diferentes níveis de USG. Assim, pode haver margem suficiente para investigar o efeito do USG e da PU combinados com PM na propriedade hídrica do arrozal e no crescimento e rendimento do BRRI dhan49.

CAPÍTULO 3
MATERIAIS E MÉTODOS

Foi realizado um estudo sobre o efeito do USG e PU e suas combinações com PM na composição da água do arrozal, crescimento e rendimento do BRRI dhan49 no Laboratório de Campo de Ciência do Solo da Universidade Agrícola do Bangladesh, Mymensingh, de agosto de 2011 a dezembro de 2011. Os pormenores experimentais são descritos abaixo em diferentes subtítulos.

3.1 Descrição do sítio experimental

3.1.1 Localização

O local experimental situa-se a 24,75°N de latitude e 90,5°S de longitude, a uma altitude média de 18m acima do nível do mar, pertencendo ao solo não calcário cinzento-escuro da planície de inundação da antiga planície de inundação de Brahmaputra (FAO-PNUD, 1988), região agro-ecológica. As características morfológicas do solo são apresentadas no Quadro 3.1.

3.1.2 Solo

O solo do campo experimental pertence à série Sonatala. A terra é moderadamente bem drenada com uma textura franco-siltosa. As propriedades físicas e químicas do solo são apresentadas no Quadro 3.2.

3.1.3 Clima

A área experimental tem um clima subtropical que se caracteriza por temperaturas elevadas, humidade elevada e precipitação intensa com rajadas de vento ocasionais na estação Kharif (16 de março - 15 de outubro) e precipitação escassa associada a temperaturas moderadamente baixas durante a estação Rabi (16 de outubro - 15 de março). A informação meteorológica do local experimental durante o período de cultivo é apresentada no Anexo 1.

Quadro 3.1 Características morfológicas dos campos experimentais

Componentes	**Características**
Localização	Laboratório de Campo de Ciência do Solo da Universidade Agrícola do Bangladesh, Mymensingh
Tipo de terreno	Planície de inundação média
Tipo geral de solo	Planície de inundação cinzenta escura não calcária
Série de solos	Sonatala
Material de origem	Depósitos do Brahmaputra
Zona agro-ecológica	Antiga planície de inundação do Brahmaputra
Topografia	Bastante nivelado
Nível de inundação	Acima do nível de inundação
Cor do solo	Cinzento escuro
Drenagem	Moderado
Padrão de cultivo	Arroz - Arroz

Quadro 3.2 Propriedades físicas e químicas do solo da exploração BAU em estudo

Componentes	Valor
Características físicas	
% Areia (2-0,05 mm)	20.2
% Silte (0,05-0,002 mm)	65.6
% Argila (<0,002 mm)	14.3
Classe textural	Argila siltosa
Características químicas	
pH (Solo: Água =1:2.5)	6.8
Matéria orgânica (%)	1.8
Total N (%)	0.1
CE(ds m $)^{-1}$	0.2
P disponível (mg kg $)^{-1}$	9.2
S disponível (mg kg $)^{-1}$	13.0
K permutável (me100^{-1} g solo)	0.1

3.2 Cultura

BRRI dhan49, a variedade de arroz de elevado rendimento, foi utilizada como cultura de ensaio nesta experiência. Esta variedade foi lançada pelo Instituto de Investigação do Arroz do Bangladesh (BRRI), Gazipur, em 2008, com uma recomendação para cultivo na estação Aman. Esta variedade é algo resistente a pragas e doenças. O tempo de vida da BRRI dhan49 é de 135 dias.

3.3 Tratamentos

A experiência incluiu sete tratamentos, incluindo o controlo (que não recebeu fertilizantes nem estrume). Os tratamentos aplicados ao BRRI dhan49 são os seguintes:

Tratamentos	Descrição
T_1	Controlo
T_2	56 kg N ha^{-1} como USG
T_3	82,5 kg N ha^{-1} como PU
T_4	56 kg N ha^{-1} como USG +PM (3,0 t ha $)^{-1}$
T_5	82,5 kg N ha^{-1} como PU + PM (3,0 t ha $)^{-1}$
T_6	112,5 kg N ha^{-1} como USG
T_7	165,0 kg N ha^{-1} como PU

3.4 Esquema da experiência

A experiência foi desenhada num esquema de blocos completos aleatórios (RCBD), em que a área experimental foi dividida em 3 blocos representando as repetições para reduzir os efeitos heterogéneos do solo. Cada bloco foi dividido em 7 parcelas unitárias com feixes elevados como tratamentos. Assim, o número total de parcelas unitárias foi de 27. O tamanho das parcelas unitárias foi de 4m x 2,5m e as parcelas foram separadas umas das outras por uma malha (25 cm). Drenos de 1,5 m separavam os blocos unitários uns dos outros. Os tratamentos foram distribuídos aleatoriamente dentro do bloco.

3.5 Preparação do terreno

O terreno foi aberto em 3 de julho de 2011 com a ajuda de um motocultivador e, em seguida, foi lavrado e revolvido cinco vezes, seguido de uma escada a intervalos adequados. O terreno foi então limpo, recolhendo e removendo as ervas daninhas, o restolho e os resíduos de culturas anteriores. Após o empoçamento, as parcelas foram feitas de acordo com o desenho, fazendo-se um corredor à volta de cada parcela.

3.6 Aplicação de fertilizantes e PM

Super fosfato triplo, muriato de potassa, gesso e sulfato de zinco foram aplicados a todas as parcelas experimentais como basal à taxa de 15 kg P, 50 kg K, 15 kg S e 2,5 kg Zn ha^{-1} respetivamente. PM bem decomposto @ 3,0 t ha^{-1} foi incorporado nas parcelas pelos seguintes tratamentos 6 dias antes do transplante de BRRI dhan49. A PM foi misturada completamente com o solo. O USG (0,9 g e 1,8 g) foi colocado a 6 cm a 8 cm de profundidade aos 7 dias após o transplante no centro de quatro colinas em linhas alternadas.

3.7 Transplantação de plântulas

As mudas de BRRI dhan49 de 35 dias de idade foram transplantadas em 15 de agosto de 2011. Foram colocadas três plântulas no $monte^{-1}$ a um espaçamento de 20 cm x 20 cm. As plântulas foram cuidadosamente arrancadas da cama de sementes antes do transplante.

3.8 Recolha de amostras de água

As amostras de água foram recolhidas nas parcelas experimentais. O período de amostragem foi de 7 dias consecutivos após cada aplicação de fertilizante e as amostras foram recolhidas à mesma hora todos os dias. As amostras de água foram filtradas e depois mediram-se a CE, o pH e a temperatura. Em seguida, foi adicionado 1,0 ml de HCl 0,5N a cada amostra de água e estas foram armazenadas no frigorífico, satisfazendo os requisitos de escuridão e baixas temperaturas, para posterior análise química.

3.9 Análise de amostras de água

3.9.1 Azoto amoniacal

O azoto amoniacal foi determinado por adição de 2,0 ml de fenol, 2,0 ml de Na-nitroprussiato e 5,0 ml de solução oxidante (solução alcalina de citrato misturada com hipoclorito de sódio) a 25 ml de amostra de água. Após a adição, as amostras foram bem misturadas. Depois de manter a mistura durante 1 hora para o desenvolvimento da cor, a absorvância foi medida a 640 nm de comprimento de onda.

3.10 Acções culturais

As datas das diferentes operações culturais efectuadas no terreno são indicadas no quadro 3.3

Quadro 3.3 Calendário das diferentes operações culturais do BRRI dhan49

<table>
<tr><th colspan="2">Funcionamento intercultural</th><th>Data</th></tr>
<tr><td colspan="2">Lavoura final e fertilização basal</td><td>09.08.2011</td></tr>
<tr><td colspan="2">Aplicação de PM</td><td>09.08.2011</td></tr>
<tr><td colspan="2">Transplantação de plântulas</td><td>15.08.2011</td></tr>
<tr><td colspan="2">Colocação profunda de USG</td><td>23.08.2011</td></tr>
<tr><td rowspan="3">Revestimento superior de PU</td><td>Primeira fração</td><td>23.08.2011</td></tr>
<tr><td>Segunda fração</td><td>21.09.2011</td></tr>
<tr><td>Terceira fração</td><td>18.10.2011</td></tr>
<tr><td colspan="2">Monda</td><td>21.09.2011 e 24.10.2011</td></tr>
<tr><td colspan="2">Colheita</td><td>28.11.2011</td></tr>
<tr><td colspan="2">Debulha</td><td>28.11.2011</td></tr>
</table>

3.11 Colheita de amostras de plantas

Foram seleccionadas aleatoriamente cinco colinas de cada parcela na maturidade para registar os caracteres que contribuem para o rendimento, como a altura da planta (cm), o número de perfilhos efectivos^{-1} , a panícula de grãos cheios^{-1} e o peso de 1000 grãos. Os montes seleccionados foram recolhidos antes da colheita e a informação necessária foi registada em conformidade.

3.12 Recolha de dados

3.12.1 Altura da planta

A altura da planta foi medida desde o nível do solo até ao topo da panícula. Em cada parcela de arroz, foram medidas e calculadas as médias das plantas de 5 colinas.

3.12.2 Comprimento da panícula

As medições foram efectuadas desde o nó basal da ráquis até ao ápice de cada panícula. Cada observação corresponde a uma média de 5 colinas.

3.12.3 Perfis efectivos por colina

Cinco colinas foram retiradas ao acaso de cada parcela e o número de perfilhos efectivos da colina^{-1} foi calculado.

3.12.4 Número de grãos cheios por panícula

As panículas foram retiradas ao acaso e os grãos cheios por panícula foram contados e calculada a média.

3.12.5 Peso de mil grãos

Foram retirados mil ganhos de cada parcela e os seus pesos foram medidos após secagem ao sol numa balança eléctrica.

3.13 Colheita

A BRRI dhan49 foi colhida na maturidade a 28 de novembro de 2011. A cultura colhida foi debulhada por parcela. Os rendimentos de grãos e palha foram registados por parcela e a percentagem de humidade foi calculada após secagem ao sol.

3.14 Rendimento de grãos e palha

As amostras de grãos e palha recolhidas em cada parcela foram secas e pesadas cuidadosamente. Os rendimentos foram expressos em kg ha^{-1} .

3.15 Rendimento biológico

O rendimento biológico é a soma dos rendimentos de grãos e de palha, expressa em kg ha^{-1} .

3.16 Recolha de amostras de solo

Antes da preparação do terreno, foram recolhidas amostras de solo de 10 pontos diferentes a 0-15 cm de profundidade e todas as amostras foram compostas para formar uma única amostra para a análise inicial do solo. As amostras de solo recolhidas foram secas ao ar, moídas e peneiradas numa peneira de 2 mm e guardadas em sacos de polietileno para análise laboratorial.

3.17 Análise do solo

A amostra inicial de solo foi analisada quanto à textura, pH e matéria orgânica, N total, P disponível, K permutável e S disponível. Estes resultados são apresentados no Quadro 3.1. Os métodos analíticos utilizados para a análise são apresentados a seguir:

3.17.1 Textura do solo

A análise granulométrica do solo foi determinada pelo método do hidrómetro (Black, 1965) e a classe textural foi determinada traçando os valores de % de areia, % de silte e % de argila nas coordenadas triangulares de Marshall, segundo o sistema USDA.

3.17.2 pH do solo

O pH do solo foi medido com a ajuda de um medidor de pH de elétrodo de vidro, utilizando uma suspensão solo: água de 1: 2,5, tal como descrito por Jackson (1962).

3.17.3 Matéria orgânica

O carbono orgânico do solo foi determinado pelo método de oxidação húmida de Walkey e Black (1934). O princípio subjacente é oxidar a matéria orgânica com um excesso de 1 N K_2 Cr O_{27} na presença de conc. H_2 SO_4 e conc. H_3 PO_4 e titular o K $residual_2$ Cr O_{27} com 1 N $FeSO_4$. Para obter o teor de matéria orgânica, a quantidade de carbono orgânico foi multiplicada pelo fator 1,73 de Van Bemmelen.

3.17.4 Azoto total

O teor de N total do solo foi determinado pelo método micro-Kjeldahl, em que a amostra de solo foi digerida com 3 ml de $H_2 SO_4$ concentrado e uma mistura de catalisadores ($K_2 SO_4$; $CuSO_4 .5H_2 O$; e pó de Se na proporção de 100:10:1). O azoto no digerido foi determinado por destilação com NaOH a 40%, seguida de titulação do destilado retido em $H_3 BO_3$ com 0,01 N $H_2 SO_4$ (Page *et al.*, 1989).

3.17.5 Fósforo disponível

O P disponível foi extraído do solo com uma solução de NaHCO $0{,}5M_3$ a pH 8,5 (Olsen *et al.*, 1954). O fosfato no extrato foi então determinado através do desenvolvimento de cor azul pela redução do complexo fosfomolibdato pelo $SnCl_2$ e medindo a cor colorimetricamente a 660 nm de luz incidente.

3.17.6 Potássio permutável

O potássio permutável do solo foi determinado no extrato de NH_4 OAc (pH 7,0) do solo utilizando o fotómetro de chama (Black, 1965).

3.17.7. Enxofre disponível

O S disponível do solo foi determinado através da extração do solo com uma solução de $CaCl_2$ a 0,15%. Em seguida, a turvação foi desenvolvida pela adição de uma solução ácida de sementes e cristais de $BaCl_2$ ao extrato, sendo depois medida por espetrofotómetro a 420 nm de comprimento de onda.

3.18 Análise de amostras vegetais (grãos e palha)

3.18.1 Preparação das amostras

A amostra de grão recolhida de cada parcela foi seca numa estufa a 65°C durante 24 horas, após o que foi moída num moinho. Posteriormente, as amostras moídas foram peneiradas numa peneira de 20 mesh. As amostras preparadas foram então colocadas em sacos de papel e mantidas nos exsicadores até à sua utilização. Do mesmo modo, foi também preparada uma amostra de palha.

3.18.2 Digestão das amostras com ácido nítrico-perclórico

Colocou-se 0,5 g de uma subamostra moída e seca em estufa num balão de micro-Kjeldahl de 100 ml, limpo e seco. Adicionaram-se 10 ml de uma mistura de diácidos (HNO_3: $HC1O_4$ numa proporção de 5:1) e mantiveram-se durante cinco minutos. Em seguida, o balão foi aquecido a uma temperatura que aumentava lentamente até 200 °C. O aquecimento foi imediatamente interrompido logo que o balão foi aquecido. O aquecimento foi instantaneamente interrompido assim que surgiram os densos fumos brancos de $HC1O_4$. Após arrefecimento, o digerido foi transferido para um balão volumétrico de 50 ml e o volume foi completado até ao traço com água destilada. Preparou-se um reagente em branco de forma semelhante. O digerido foi utilizado para a determinação de P, K e S. O procedimento de acompanhamento da sua determinação foi descrito nos pontos 3.17.5, 3.17.6 e 3.17.7.

3.18.3 Digestão das amostras com ácido sulfúrico

Para a determinação do azoto, introduziu-se 0,1 g de amostra seca na estufa e triturada num balão micro-Kjeldahl de 100 ml, limpo e seco, e adicionou-se 1,1 g de mistura catalisadora (K_2 SO_4 : $CuSO_4$.$5H_2$ O: Se = 100: 10: 1), 2 ml de H a 30% O_{22} e 3 ml de H conc.$_2$ SO_4 . O balão foi agitado e deixado em repouso durante cerca de 10 minutos. Em seguida, o balão foi aquecido continuamente até o digerido se tornar límpido e incolor. Após arrefecimento, o digerido foi transferido para um balão volumétrico de 100 ml e o volume foi completado até ao traço com água destilada. Preparou-se também um branco de reagente de forma semelhante.

3.19 Análise estatística

Todos os dados recolhidos foram analisados estatisticamente segundo a técnica de análise de variância (ANOVA) (teste F) e as diferenças médias foram julgadas pelo DMRT (Duncan's Multiple Range Test) a $p \leq 0,05$.

CAPÍTULO 4
RESULTADOS E DISCUSSÃO

Foi efectuada uma experiência de campo no Laboratório de Campo de Ciência do Solo da Universidade Agrícola do Bangladesh, em Mymensingh, para estudar o efeito do USG, PU e PM na química da água dos campos de arroz, no crescimento e no rendimento do BRRI dhan49. Os resultados são apresentados neste capítulo.

4.1.1 Ião amónio na água do campo

A Figura 4.1 mostra o efeito do USG, PU e PM na concentração de NH_4^+ da amostra de água recolhida durante 23-29 de agosto de 2011. A concentração de NH_4^+ variou significativamente devido aos diferentes tratamentos. Após dois dias de aplicação do fertilizante N, a maior quantidade de NH_4^+ foi produzida no tratamento T_7 (165,0 kg N ha^{-1} como PU), seguido pelos tratamentos T_5 (82,5 kg N ha^{-1} como PU + PM) e T_3 (82,5 kg N ha^{-1} como PU). A concentração de NH_4^+ diminuiu abruptamente com o tempo nestes tratamentos. Mas no caso dos tratamentos T_2 (56 kg N ha^{-1} como USG), T_4 (56 kg N ha^{-1} como USG +PM @ 3,0 t ha^{-1}) e T_6 (112,5 kg N ha^{-1} como USG) o NH_4^+ foi produzido de forma constante.

A Figura 4.3 mostra o efeito do USG, PU e PM na concentração de NH_4^+ da amostra de água recolhida durante 21-27 de setembro de 2011. Após dois dias de aplicação do fertilizante N, a maior quantidade de NH_4^+ foi produzida no tratamento T_5 (82,5 kg N ha^{-1} como PU + PM @ 3,0 t ha $)^{-1}$ seguido pelos tratamentos T_7 (165,0 kg N ha^{-1} como PU) e T_3 (82,5 kg N ha^{-1} como PU). A concentração de NH_4^+ diminuiu abruptamente com o progresso do tempo nestes tratamentos. Mas no caso dos tratamentos T_2 (56 kg N ha^{-1} como USG), T_4 (56 kg N ha^{-1} como USG +PM @ 3,0 t ha^{-1}) e T_6 (112,5 kg N ha^{-1} como USG) o NH_4^+ foi produzido de forma constante.

A Figura 4.5 mostra o efeito do USG, PU e PM na concentração de NH_4^+ da amostra de água recolhida durante 18-24 de outubro de 2011. Após dois dias de aplicação do fertilizante N, a maior quantidade de NH_4^+ foi produzida no tratamento T_5 (82,5 kg N ha^{-1} como PU + PM @ 3,0 t ha $)^{-1}$ seguido pelos tratamentos T_7 (165,0 kg N ha^{-1} como PU) e T_3 (82,5 kg N ha^{-1} como PU). A concentração de NH_4^+ diminuiu abruptamente com o progresso do tempo nestes tratamentos. Mas no caso dos tratamentos T_2 (56 kg N ha^{-1} como USG), T_4 (56 kg N ha^{-1} como USG +PM @ 3,0 t ha^{-1}) e T_6 (112,5 kg N ha^{-1} como USG) o NH_4^+ foi produzido de forma constante.

Os resultados destas figuras revelam que o NH_4^+ das amostras de água foi maior na primeira amostragem do que nas outras duas, independentemente das fontes de N utilizadas. Mohanty *et al.* (1998) observaram a diminuição da perda de volitilização de amoníaco após a segunda e terceira adubação de cobertura do que após a primeira adubação de cobertura com ureia.

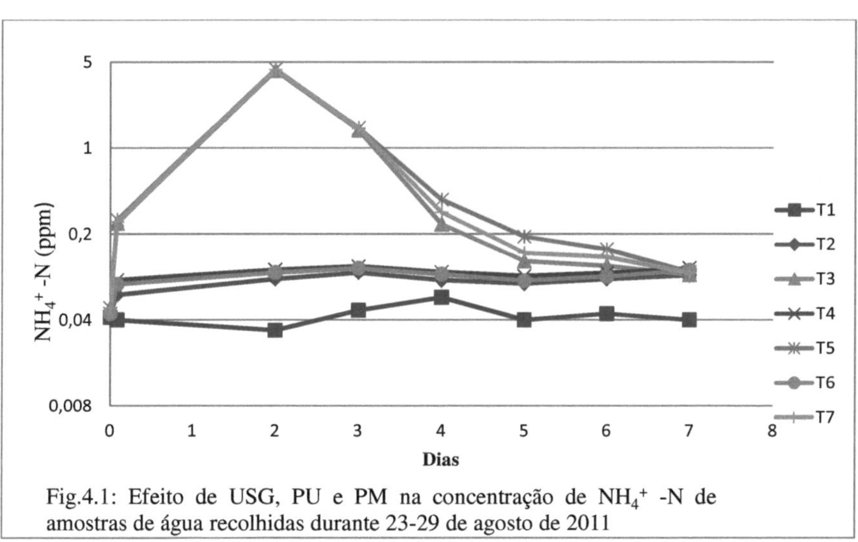

Fig.4.1: Efeito de USG, PU e PM na concentração de NH_4^+ -N de amostras de água recolhidas durante 23-29 de agosto de 2011

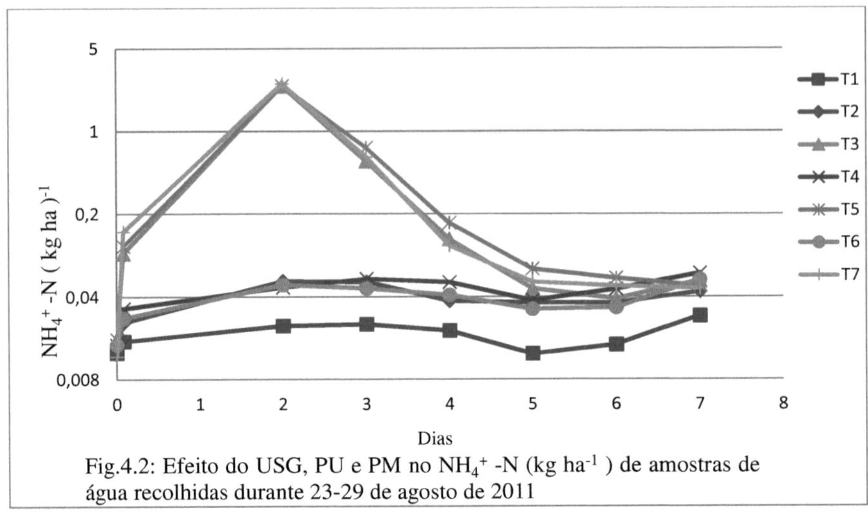

Fig.4.2: Efeito do USG, PU e PM no NH_4^+ -N (kg ha^{-1}) de amostras de água recolhidas durante 23-29 de agosto de 2011

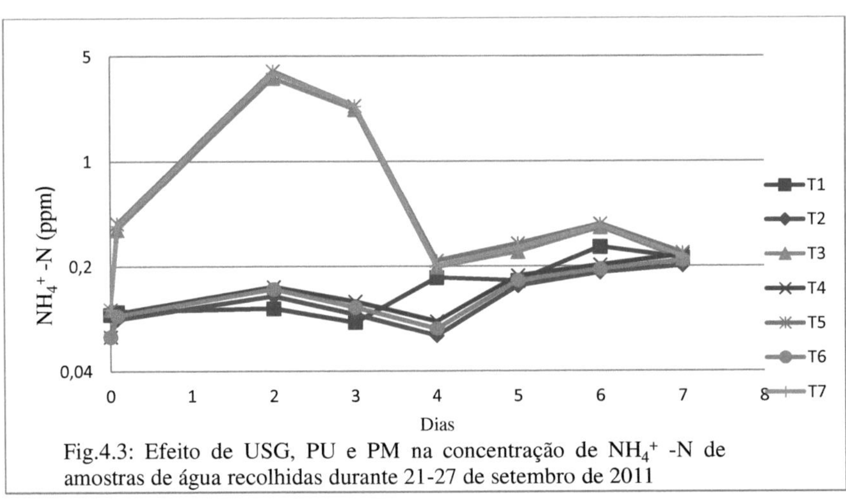

Fig.4.3: Efeito de USG, PU e PM na concentração de NH_4^+ -N de amostras de água recolhidas durante 21-27 de setembro de 2011

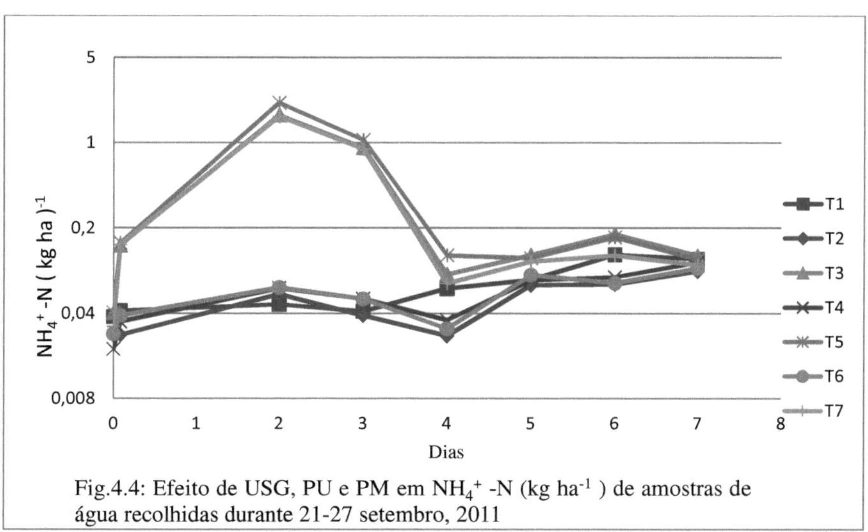

Fig.4.4: Efeito de USG, PU e PM em NH_4^+ -N (kg ha^{-1}) de amostras de água recolhidas durante 21-27 setembro, 2011

Fig.4.5: Efeito do USG, PU e PM na concentração de NH_4^+ -N das amostras de água recolhidas durante 18-24 de outubro de 2011

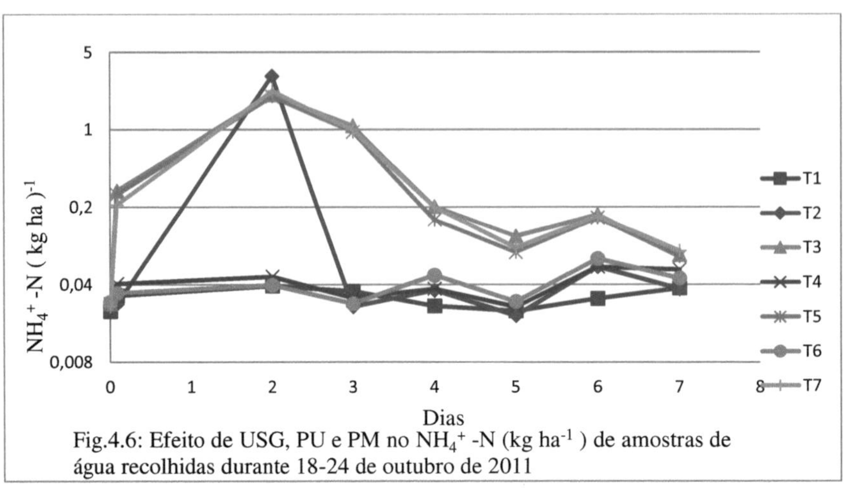

Fig.4.6: Efeito de USG, PU e PM no NH_4^+ -N (kg ha^{-1}) de amostras de água recolhidas durante 18-24 de outubro de 2011

4.1.2 pH

A Figura 4.7 revela o efeito do USG, PU e PM no pH das amostras de água coletadas durante 23-29 de agosto de 2011. O maior pH foi obtido no tratamento T_7 (165,0 kg N ha^{-1} como PU) após duas horas de aplicação do fertilizante N. O pH em todos os tratamentos diminuiu com o avanço do tempo.

A Figura 4.8 mostra o efeito do USG, PU e PM no pH das amostras de água coletadas durante 21-27 de setembro de 2011. O maior pH foi obtido no tratamento T_7 (165,0 kg N ha^{-1} como PU) após dois dias de aplicação do fertilizante N. O pH foi mais ou menos constante nos tratamentos T_2 (56 kg N ha^{-1} como USG), T_4 (56 kg N ha^{-1} como USG +PM @ 3,0 t ha^{-1}) e T_6 (112,5 kg N ha^{-1} como USG).

A Figura 4.9 revela o efeito do USG, PU e PM no pH das amostras de água recolhidas durante 18-24 de outubro de 2011. O pH aumentou acentuadamente nos tratamentos T_5 (82,5 kg N ha^{-1} como PU + PM @ 3,0 t ha^{-1}), T_7 (165,0 kg N ha^{-1} como PU) e T_3 (82,5 kg N ha^{-1} como PU) após duas horas de aplicação do fertilizante N e diminuiu com o passar do tempo. O pH nos tratamentos T_2 (56 kg N ha^{-1} como USG), T_4 (56 kg N ha^{-1} como USG +PM @ 3,0 t ha^{-1}) e T_6 (112,5 kg N ha^{-1} como USG) aumentou após o sexto dia de aplicação do fertilizante N.

4.1.3 CE

As Figuras 4.10, 4.11 e 4.12 mostram o efeito do USG, PU e PM na CE das amostras de água recolhidas nas parcelas experimentais. A partir dos resultados apresentados nestas figuras, é evidente que a CE das amostras de água foi mais elevada na primeira amostragem e diminuiu na segunda e terceira amostragem em todos os tratamentos.

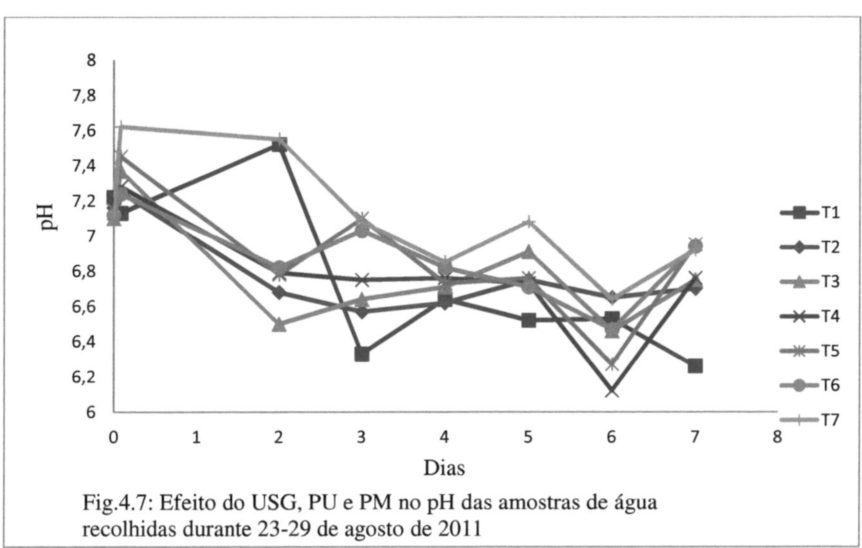

Fig.4.7: Efeito do USG, PU e PM no pH das amostras de água recolhidas durante 23-29 de agosto de 2011

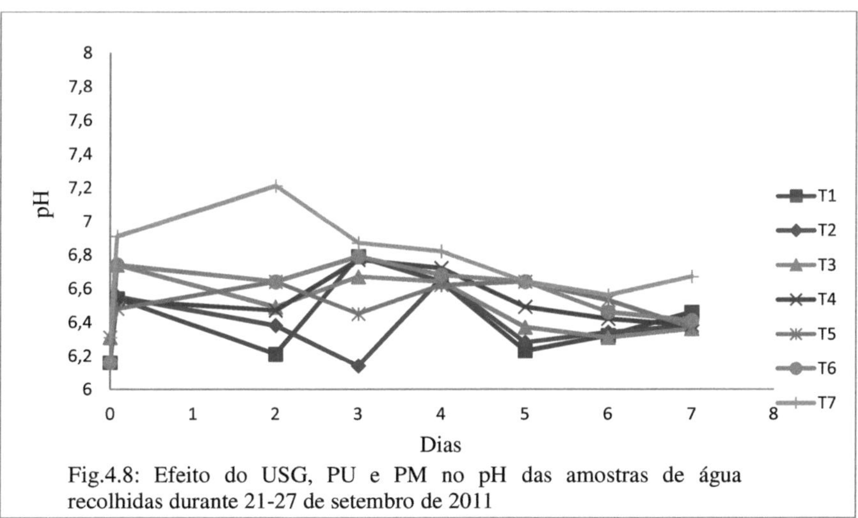

Fig.4.8: Efeito do USG, PU e PM no pH das amostras de água recolhidas durante 21-27 de setembro de 2011

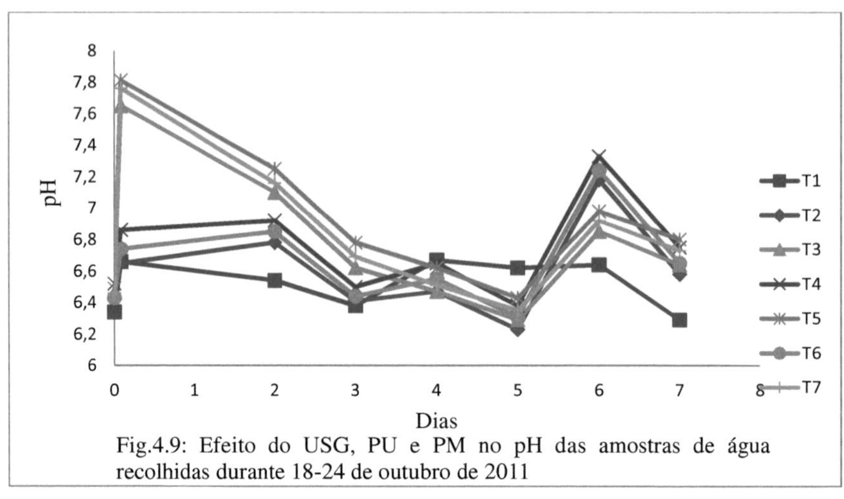

Fig.4.9: Efeito do USG, PU e PM no pH das amostras de água recolhidas durante 18-24 de outubro de 2011

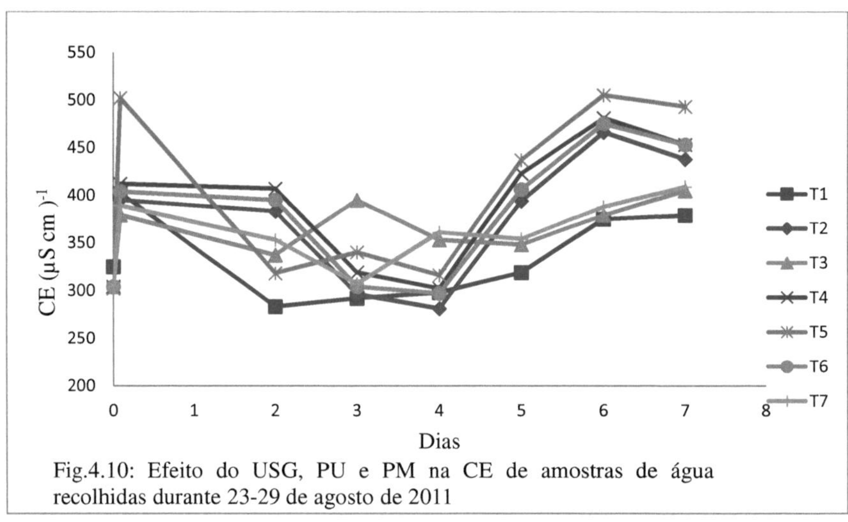

Fig.4.10: Efeito do USG, PU e PM na CE de amostras de água recolhidas durante 23-29 de agosto de 2011

550
500
450
400
350
300
250
200
CE (µS cm)-1
0
1
2
3
4
5
6
7
8
Dias
T1
T2
T3
T4
T5
T6
T7

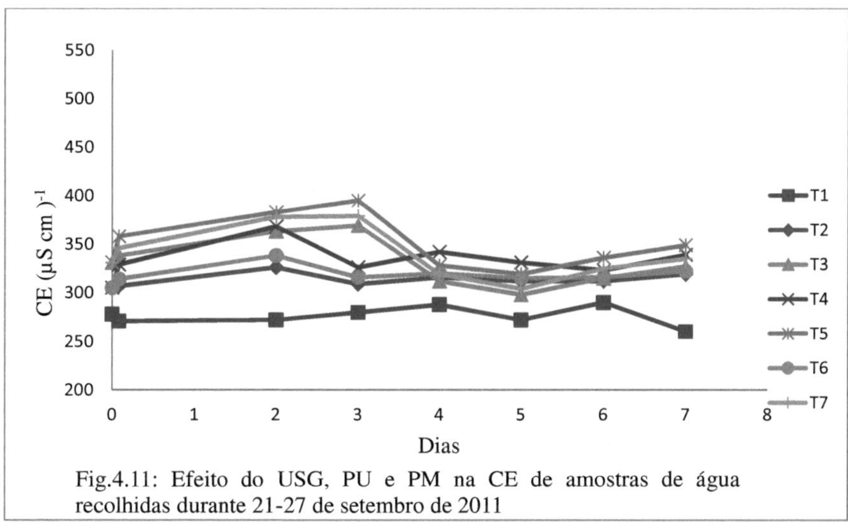

Fig.4.11: Efeito do USG, PU e PM na CE de amostras de água recolhidas durante 21-27 de setembro de 2011

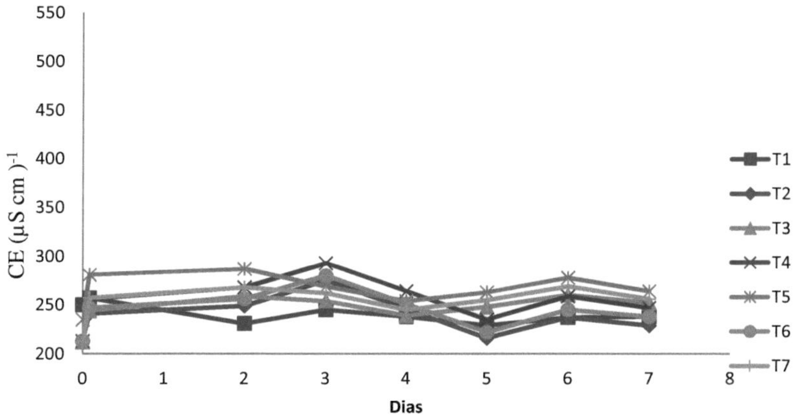

550
500
450
400
350
300
250
200
CE (µS cm)-1
0
1
2
3
4
5
6
7
8
Dias
T1
T2
T3
T4
T5
T6
T7

Fig.4.12: Efeito do USG, PU e PM na CE de amostras de água recolhidas entre 18 e 24 de outubro de 2011

4.2 Caracteres que contribuem para o rendimento

4.2.1 Altura da planta

O quadro 4.1 mostra o efeito de USG, PU e PM na altura da planta de BRRI dhan49. Todos os tratamentos aumentaram significativamente a altura da planta em relação ao controlo. A altura da planta da BRRI dhan49 variou de 73,9 cm em T_1 (controlo) a 90,8 cm em T_4 (56 kg N ha^{-1} como USG +PM @ 3,0 t ha^{-1}). A planta mais alta encontrada no T_4 (56 kg N ha^{-1} como USG +PM @ 3.0 t ha^{-1}) foi estatisticamente idêntica à encontrada no T_6 (112.5 kg N ha^{-1} como USG). A altura da planta da BRRI dhan49 encontrada em T_4 (56 kg N ha^{-1} como USG +PM @ 3.0 t ha^{-1}) foi estatisticamente diferente das encontradas em T_7 (165.0 kg N ha^{-1} como PU), T_5 (82.5 kg N ha^{-1} como PU + PM @ 3.0 t ha^{-1}), T_3 (82.5 kg N ha^{-1} como PU), T_2 (56 kg N ha^{-1} como USG) e T_1 (sem fertilizante). Os tratamentos podem ser classificados na ordem de $T_4 > T_6 > T_5 > T_7 > T_2 > T_3 > T_1$ em termos de altura de planta. Rajni Rani *et al.* (2001) descobriram que a altura da planta foi significativamente aumentada pela combinação de PM e fertilizantes nitrogenados. Singh e Singh (1986) relataram que a colocação profunda de USG resultou na maior altura de planta do que PU.

4.2.2 Colina de perfilhos efectivos^{-1}

A Tabela 4.1 revela o efeito de USG e PU combinados com PM ou individualmente no número de perfilhos efetivos na colina^{-1} . Todos os tratamentos causaram um efeito crescente no número de perfilhos efetivos na colina^{-1} sobre o controle. O número de perfilhos efetivos na colina^{-1} devido aos diferentes tratamentos variou de 10,3 em T_1 (controle) a 13,9 em T_4 (56 kg N ha^{-1} como USG +PM). A aplicação de 56 kg N ha^{-1} como USG mais PM @ 3.0 t ha^{-1} (T_4) produziu maior número de perfilhos efetivos na colina^{-1} que foi estatisticamente idêntico ao T_6 (112.5 kg N ha^{-1} como USG) mas estatisticamente superior aos outros tratamentos. Esses resultados são bem corroborados com as descobertas de Rajni *et al.* (2001) que encontraram um número maior de perfilhos efetivos na colina^{-1} com o uso integrado de vermicomposto, PM e fertilizantes nitrogenados.

4.2.3 Comprimento da panícula

O comprimento da panícula da planta de arroz foi significativamente influenciado por diferentes tratamentos (Tabela 4.1). O comprimento da panícula variou de 17,9 cm no tratamento T_1 (controlo) a 21,2 cm no T_4 (56 kg N ha^{-1} como USG +PM @ 3,0 t ha^{-1}). O maior comprimento de panícula (21,2 cm) em T_4 (56 kg N ha^{-1} como USG +PM @ 3,0 t ha^{-1}) foi estatisticamente idêntico aos encontrados em T_6 (112,5 kg N ha^{-1} como USG), T_7 (165.0 kg N ha^{-1} como PU), T_5 (82,5 kg N ha^{-1} como PU + PM @ 3,0 t ha^{-1}), T_3 (82,5 kg N ha^{-1} como PU), T_2 (56 kg N ha^{-1} como USG) mas diferente de T_1 (controlo). Os tratamentos podem ser classificados na ordem de $T_4 > T_6 > T_5 > T_7 > T_2 > T_3 > T_1$ em termos de comprimento da panícula. Estes resultados estão de acordo com Singh *et al.* (2006) que encontraram um aumento do comprimento da panícula com a aplicação de ureia, estrume de vaca e *Azospirillum*, individualmente ou em combinações.

4.2.4 Panícula de grãos cheios^{-1}

Os resultados na Tabela 4.1 mostram que o número de grãos cheios na panícula^{-1} foi significativamente influenciado pelos diferentes tratamentos em estudo. O número de grãos cheios na panícula^{-1} variou de 81,0 no T_1 (controle) a 118,2 no T_4 (56 kg N ha^{-1} como USG +PM @ 3,0 t ha^{-1}). O número de grãos cheios na panícula^{-1} foi encontrado nos tratamentos T_4 (56 kg N ha^{-1} como USG +PM @ 3.0 t ha^{-1}), T_6 (112.5 kg N ha^{-1} como USG), T_7 (165.0 kg N ha^{-1} como PU), T_5 (82.5 kg N ha^{-1} como PU + PM @ 3.0 t ha^{-1}) e T_2 (56 kg N ha^{-1} como USG) foi estatisticamente idêntico mas estatisticamente diferente do encontrado em T_3 (82.5 kg N ha^{-1} como PU) e T_1 (controlo). Mondal *et al.* (1990) descobriram que a percentagem de grãos cheios aumentava com o aumento das taxas de NPK e da aplicação de FYM.

4.2.5 Peso de mil grãos

A Tabela 4.1 mostra o efeito de USG e PU combinados com PM ou individualmente no peso de 1000 grãos de arroz BRRI dhan49. O peso de 1000 grãos não foi influenciado significativamente devido à aplicação de USG combinado com PM. A gama de peso de 1000 grãos de arroz foi muito próxima, variando entre 19,3 g em T_1 (controlo) e 21,2 g em T_4 (56 kg N ha^{-1} como

USG +PM @ 3,0 t ha^{-1}). O peso de mil grãos seguiu a ordem de $T_4 > T_6 > T_5 > T_7 > T_2 > T_3 > T_1$. Estes resultados são bem corroborados com as conclusões de Rahman *et al.* (2009) que encontraram uma resposta insignificante de ureia-N e estrume no peso de 1000 grãos de BRRI dhan29.

Quadro: 4.1 Efeito do USG, PU e PM nos componentes de rendimento do BRRI dhan49

Tratamento	Altura da planta (cm)	Perfilhamento efetivo em colina-1	Comprimento da panícula (cm)	Número de grãos cheios panícula-1	1000-peso do grão (g)
T1	73.9d	19.2c	10.3b	81.0c	19.3ab
T2	83.8c	19.8c	12.2ab	103.2ab	19.7ab
T3	82.3c	19.4c	12.1ab	98.6b	19.4ab
T4	90.8a	21.6a	13.9a	118.2a	21.2a
T5	86.0bc	20.6b	12.9ab	112.7ab	20.4a
T6	89.6ab	21.4a	13.2ab	115.8ab	20.8a
T7	84.3c	19.6c	12.7ab	102.0ab	19.8ab
SE (±)	1.15	0.20	0.36	2.96	0.08

Os valores na coluna com a mesma letra não são significativamente diferentes ao nível de probabilidade de 0,05 por DMRT. T1: Controle, T2: 56 kg N ha-1 como USG; T3: 83,5 kg N ha-1 como PU; T4: 56 kg N ha-1 como USG +PM (3,0 t ha-1); T5: 83,5 kg N ha-1 como PU +PM (3,0 t ha-1); T6: 112,5 kg N ha-1 como USG; T7: 165,0 kg N ha-1 como PU.

4.3 Rendimento

4.3.1 Rendimento dos grãos

A Tabela 4.2 mostra os efeitos do USG, PU e PM no rendimento de grãos do BRRI dhan49. O rendimento de grãos de arroz variou de 3849 kg ha^{-1} em T_1 (controlo) a 5389 kg ha^{-1} em T_4 (56 kg N ha^{-1} como USG +PM @ 3.0 t ha^{-1}). A aplicação de 56 kg N ha^{-1} como USG +PM @ 3,0 t ha^{-1} (T_4) produziu maior rendimento de grãos, que foi estatisticamente semelhante aos encontrados em T_6

(112,5 kg N ha^{-1} como USG) e T_5 (82,5 kg N ha^{-1} como PU + PM @ 3,0 t ha^{-1}), mas significativamente superior aos outros tratamentos. O rendimento de grãos devido aos diferentes tratamentos foi classificado na ordem de T_4 >T_6 >T_5 >T_7 >T_2 >T_3 >T_1 . Os tratamentos em estudo resultaram num aumento de 17,5% a 40,0% no rendimento de grãos em relação ao controlo (Quadro 4.2). Budhar *et al.* (1991) descobriram que o rendimento de grãos de arroz foi o mais alto com a aplicação de PM e o mais baixo sem aplicação de estrume. Gupta *et al.* (1995) observaram que a PM e a FYM produziram rendimentos de 4,1 e 3,9 t ha^{-1} de grãos de arroz, respetivamente. Rajput *et al.* (1992) relataram que a aplicação de PM, FYM e esterco de vaca com fertilizantes químicos produziu maior rendimento de grãos do que apenas com fertilizantes químicos.

4.3.2 Rendimento em palha

A Tabela 4.2 mostra os efeitos do USG, PU e PM no rendimento de palha do BRRI dhan49. O rendimento da palha variou de 4085 kg ha^{-1} em T_1 (controlo) a 6921 kg ha^{-1} em T_4 (56 kg N ha^{-1} como USG +PM @ 3.0 t ha^{-1}). A aplicação de 56 kg N ha^{-1} como USG +PM @ 3.0 t ha^{-1} (T_4) produziu o maior rendimento de palha que foi estatisticamente semelhante aos encontrados em T_6 (112.5 kg N ha^{-1} como USG) e T_5 (82.5 kg N ha^{-1} como PU + PM @ 3.0 t ha^{-1}) mas significativamente superior aos outros tratamentos. Esses resultados corroboram as descobertas de Ahmed e Rahman (1991), que relataram que a aplicação de matéria orgânica e fertilizante químico aumentou o rendimento de palha e grãos de arroz.

4.3.3 Rendimento biológico

A Tabela 4.2 mostra que o maior rendimento biológico de 12310 kg ha^{-1} foi registado pelo tratamento T_4 (56 kg N ha^{-1} como USG +PM @ 3.0 t ha^{-1}) e o menor rendimento de 7934 kg ha^{-1} foi observado no tratamento T_1 (controlo). O maior rendimento biológico encontrado em T_4 (56 kg N ha^{-1} como USG +PM @ 3.0 t ha^{-1}) foi estatisticamente semelhante aos encontrados em T_6 (112.5 kg N ha^{-1} como USG) e T_5 (82.5 kg N ha^{-1} como PU + PM @ 3.0 t ha^{-1}) mas significativamente superior aos outros tratamentos. Os tratamentos em estudo resultaram num aumento de 23,6% a 55,2% no rendimento biológico em relação ao controlo (Quadro 4.2). Estes resultados estão de acordo com Calendacion *et al.* (1990) que observaram o maior rendimento total do arroz após 220-70-70 kg NPK + 12 t PM ha^{-1} .

Tabela: 4.2 Efeito de PU, USG e PM nos rendimentos de grão, palha e biológico de BRRI dhan49

Tratamento	Rendimento de grãos (kg ha)$^{-1}$	% de aumento em relação ao controlo	Rendimento da palha (kg ha)$^{-1}$	% de aumento em relação ao controlo	Rendimento biológico (kg ha)$^{-1}$	% de aumento em relação ao controlo
T1	3849c	-	4085c	-	7934c	-
T2	4596b	19.4	5215b	27.7	9811b	23.7
T3	4524b	17.5	5280b	29.2	9804b	23.6
T4	5389a	40.0	6921a	69.4	12310a	55.2
T5	5100a	32.5	5875ab	43.8	10975ab	38.3
T6	5241a	36.2	6502a	59.2	11743ab	48.0
T7	4608b	19.7	5322b	30.3	9930b	25.2
SE(±)	116.89	-	211.12	-	318.22	-

Os valores na coluna com a mesma letra não são significativamente diferentes ao nível de 0,05 de probabilidade por DMRT. T_1: Controlo, T_2: 56 kg N ha^{-1} como USG; T_3: 83.5 kg N ha^{-1} como PU; T_4: 56 kg N ha^{-1} como USG +PM (3.0 t ha^{-1}); T_5: 83.5 kg N ha^{-1} como PU +PM (3.0 t ha^{-1}); T_6: 112.5 kg N ha^{-1} como USG; T_7: 165.0 kg N ha^{-1} como PU.

4.4 Absorção de nutrientes pelo arroz

4.4.1 Absorção de azoto

O Quadro 4.3 mostra os efeitos do USG, PU e PM na absorção de azoto do BRRI dhan49. A absorção de azoto pelo grão de arroz variou entre 30,3 kg ha^{-1} em T_1 (controlo) e 64,2 kg ha^{-1} em T_4 (56 kg N ha^{-1} como USG + PM @ 3,0 t ha^{-1}). A maior quantidade de absorção de azoto (64,2 kg ha^{-1}) foi registada no tratamento T_4 (56 kg N ha^{-1} como USG + PM @ 3,0 t ha^{-1}). Os tratamentos T_4 (56 kg N ha^{-1} como USG + PM @ 3,0 t ha^{-1}), T_6 (112,5 kg N ha^{-1} como USG) e T_5 (82,5 kg N ha^{-1} como PU + PM @ 3,0 t ha^{-1}) foram estatisticamente semelhantes nos seus efeitos sobre a absorção de azoto pelo grão. Por outro lado, os tratamentos T_3 (82,5 kg N ha^{-1} como PU) e T_2 (56 kg N ha^{-1} como

USG) foram estatisticamente semelhantes em seus efeitos sobre a absorção de nitrogênio pelos grãos.

No caso da palha, a absorção de azoto variou entre 13,3 kg ha^{-1} em T_1 (controlo) e 40,9 kg ha^{-1} em T_4 (56 kg N ha^{-1} como USG + PM @ 3,0 t ha^{-1}). A maior absorção de azoto pela palha de arroz em T_4 (56 kg N ha^{-1} como USG + PM @ 3.0 t ha^{-1}) foi estatisticamente idêntica a T_2 (56 kg N ha^{-1} como USG), T_3 (82.5 kg N ha^{-1} como PU), T_5 (82,5 kg N ha^{-1} como PU + PM @ 3,0 t ha^{-1}), T_6 (112,5 kg N ha^{-1} como USG) e T_7 (165 kg N ha^{-1} como PU).

A absorção total de azoto no grão e na palha variou de 43,6 kg ha^{-1} a 105,1 kg ha^{-1} . A maior absorção total de azoto de 105,1 kg ha^{-1} por BRRI dhan49 foi registada no tratamento T_4 (56 kg N ha^{-1} como USG + PM @ 3,0 t ha^{-1}) foi estatisticamente idêntico ao tratamento T_4 (56 kg N ha^{-1} como USG + PM @ 3,0 t ha^{-1}). Os tratamentos T_4 (56 kg N ha^{-1} como USG + PM @ 3.0 t ha^{-1}), T_6 (112.5 kg N ha^{-1} como USG) e T_5 (82.5 kg N ha^{-1} como PU + PM @ 3.0 t ha^{-1}) foram estatisticamente semelhantes nos seus efeitos na absorção total de azoto pelo grão mas significativamente superiores a todos os outros tratamentos. A absorção total de azoto devido aos diferentes tratamentos foi classificada por ordem de $T_4 > T_6 > T_5 > T_2 > T_7 > T_3 > T_1$. O aumento percentual da absorção total de azoto em relação ao controlo variou entre 51,6% e 141,1%. Dubey e Besin (1998) estudaram a absorção de azoto em função dos métodos de aplicação e observaram que a absorção mais elevada foi registada com o USG utilizando o método de colocação em profundidade. Verma e Dixit (1989) registaram um aumento significativo da absorção de azoto pelos grãos e palha de arroz com a aplicação de adubos e fertilizantes orgânicos.

Tabela: 4.3 Efeito do USG, PU e PM na absorção de N pelo BRRI dhan49

Tratamento	Absorção de azoto (kg ha-1)			
	Grãos	Palha	Total (cereais + palha)	% de aumento em relação ao controlo
T1	30.3d	13.3d	43.6d	-
T2	49.0bc	23.5c	72.5bc	66.3
T3	45.2dc	20.9cd	66.1c	51.6
T4	64.2a	40.9a	105.1a	141.1
T5	58.2ab	29.0bc	87.2ab	100.0
T	62.3a	36.3ab	98.6a	126.1
T7	48.9bc	22.4c	71.3bc	63.5
SE (±)	2.51	2.02	4.42	-

Os valores na coluna com a mesma letra não são significativamente diferentes ao nível de 0,05 de probabilidade por DMRT. T_1: Controlo, T_2: 56 kg N ha^{-1} como USG; T_3: 83.5 kg N ha^{-1} como PU; T_4: 56 kg N ha^{-1} como USG +PM (3.0 t ha^{-1}); T_5: 83.5 kg N ha^{-1} como PU +PM (3.0 t ha^{-1}); T_6: 112.5 kg N ha^{-1} como USG; T_7: 165.0 kg N ha^{-1} como PU.

4.4.2 Absorção de fósforo

A Tabela 4.4 mostra os efeitos do USG, PU e PM na absorção de fósforo do BRRI dhan49. As gamas de absorção de P observadas no grão e na palha foram de 9,3 a 16,9 kg ha^{-1} e de 3,5 a 10,6 kg ha^{-1} , respetivamente. A maior absorção de P pelo grão foi registada no tratamento T_4 (56 kg N ha^{-1} como USG + PM @ 3.0 t ha^{-1}) que foi estatisticamente semelhante ao T_6 (112.5 kg N ha^{-1} como USG) e T_5 (82.5 kg N ha^{-1} como PU + PM @ 3.0 t ha^{-1}) nos seus efeitos na absorção de azoto mas significativamente superior a todos os outros tratamentos. A menor absorção de P pelo grão foi encontrada no controlo (T_1).

No caso da palha, o maior consumo de P registado no tratamento T_4 (56 kg N ha^{-1} como USG + PM @ 3.0 t ha^{-1}) foi estatisticamente idêntico ao T_6 (112.5 kg N ha^{-1} como USG) e T_5 (82.5 kg N ha^{-1} como PU + PM @ 3.0 t ha^{-1}) mas diferente de todos os outros tratamentos. A menor absorção de P pela palha foi encontrada no tratamento de controlo (T_1).

A absorção total de fósforo pelo grão e pela palha também foi influenciada significativamente pelos vários tratamentos. A maior absorção total de fósforo foi registada em T_4 (56 kg N ha^{-1} como USG + PM @ 3.0 t ha^{-1}) e o valor mais baixo de absorção total de fósforo foi registado em T_1 (controlo). Os tratamentos T_4 (56 kg N ha^{-1} como USG + PM @ 3.0 t ha^{-1}), T_6 (112.5 kg N ha^{-1} como USG) e T_5 (82.5 kg N ha^{-1} como PU + PM @ 3.0 t ha^{-1}) foram estatisticamente semelhantes nos seus efeitos na absorção total de P. O aumento percentual na absorção total de fósforo em relação ao controle variou de 35,9% a 114,8%. A aplicação de PM em combinação com USG ou PU mostrou um efeito mais pronunciado no aumento do teor de P tanto no grão de arroz como na palha. Rahman *et al.* (2009) também encontraram resultados semelhantes com um ensaio no BRRI dhan29 utilizando ureia-N e estrume.

Tabela: 4.4 Efeito do USG, PU e PM na absorção de P pelo BRRI dhan49

Tratamento	Absorção de P (kg ha-1)			
	Grãos	Palha	Total (grão + palha)	% de aumento em relação ao controlo
T1	9.3d	3.5e	12.8e	-
T2	12.2c	6.6cd	18.8cd	46.8
T3	11.8cd	5.6d	17.4d	35.9
T4	16.9a	10.6a	27.5a	114.8
T5	13.6bc	7.8bc	21.4bc	67.2
T6	15.5ab	9.1ab	24.6ab	92.2
T7	12.4c	6.2cd	18.6cd	45.3
SE (±)	0.50	0.50	1.00	-

Os valores na coluna com a mesma letra não são significativamente diferentes ao nível de 0,05 de probabilidade por DMRT. T_1: Controlo, T_2: 56 kg N ha^{-1} como USG; T_3: 83.5 kg N ha^{-1} como PU; T_4: 56 kg N ha^{-1} como USG +PM (3.0 t ha^{-1}); T_5: 83.5 kg N ha^{-1} como PU +PM (3.0 t ha^{-1}); T_6: 112.5 kg N ha^{-1} como USG; T_7: 165.0 kg N ha^{-1} como PU.

4.4.3 Absorção de potássio

A Tabela 4.5 mostra os efeitos do USG, PU e PM na absorção de potássio do BRRI dhan49. A absorção de potássio pelos grãos variou de 5,1 a 13,8 kg ha^{-1} , enquanto os valores para a palha variaram de 47,6 a 111,4 kg ha^{-1} . A maior absorção de potássio de 13,8 kg ha^{-1} por grão foi registada no T_4 (56 kg N ha^{-1} como USG + PM @ 3,0 t ha^{-1}) que foi estatisticamente semelhante aos tratamentos T_6 (112,5kg N ha^{-1} como USG), e T_5 (82,5 kg N ha^{-1} como PU + PM @ 3,0 t ha^{-1}) mas significativamente diferente de todos os outros tratamentos.

No caso da palha, a maior absorção de potássio de 111,4 kg ha^{-1} também foi registada no tratamento T_4 (56 kg N ha^{-1} como USG + PM @ 3,0 t ha^{-1}) que foi significativamente superior a todos os outros tratamentos. A absorção de P no T_6 (112,5 kg N ha^{-1} como USG) foi estatisticamente idêntica ao tratamento T_5 (82,5 kg N ha^{-1} como PU + PM @ 3,0 t ha^{-1}), mas diferente de todos os outros tratamentos.

A absorção total de potássio pela BRRI dhan49 variou de 47,5 a 125,2 kg ha^{-1} . A maior e a menor absorção total de potássio foram registadas em T_4 (56 kg N ha^{-1} como USG + PM) e no controlo (T_1), respetivamente. A maior absorção total de potássio de 125,2 kg ha^{-1} encontrada no tratamento T_4 (56 kg N ha^{-1} como USG + PM @ 3,0 t ha^{-1}) foi significativamente superior a todos os outros tratamentos. O aumento na absorção total de potássio pelo BRRI dhan49 em relação ao controlo variou de 56,2% a 163,5%. Foi observado que a absorção de potássio pelo grão foi muito menor do que pela palha. Esses resultados são bem corroborados por Singh *et al.* (2001), que descobriram que o conteúdo de K no grão e na palha aumentou devido à aplicação de adubos orgânicos e fertilizantes químicos.

Tabela: 4.5 Efeito do USG, PU e PM na absorção de K pelo BRRI dhan49

Tratamento	Absorção de K (kg ha-1)			
	Grãos	Palha	Total (cereais + palha)	% de aumento em relação ao controlo
T1	5.1c	42.4e	47.5d	-
T2	8.9b	72.0cd	80.9c	70.3
T3	8.1b	66.1d	74.2c	56.2
T4	13.8a	111.4a	125.2a	163.5
T5	12.0a	89.3bc	101.3b	113.3
T6	11.7a	93.2b	104.9b	120.8
T7	9.0b	66.6d	75.6c	59.2
SE (±)	0.61	4.71	5.28	-

Os valores na coluna com a mesma letra não são significativamente diferentes ao nível de 0,05 de probabilidade por DMRT. T_1: Controlo, T_2: 56 kg N ha^{-1} como USG; T_3: 83.5 kg N ha^{-1} como PU; T_4: 56 kg N ha^{-1} como USG +PM (3.0 t ha^{-1}); T_5: 83.5 kg N ha^{-1} como PU +PM (3.0 t ha^{-1}); T_6: 112.5 kg N ha^{-1} como USG; T_7: 165.0 kg N ha^{-1} como PU.

4.4.4 Absorção de enxofre

O Quadro 4.6 mostra os efeitos do USG, PU e PM na absorção de enxofre do BRRI dhan49. Os intervalos de absorção de enxofre no grão e na palha foram de 10,0 a 17,2 kg ha^{-1} e de 9,9 a 19,2 kg ha^{-1} , respetivamente. A maior absorção de enxofre no grão (17,2 kg ha^{-1}) foi registada no tratamento T_4 (56 kg N ha^{-1} como USG + PM @ 3,0 t ha^{-1}), que foi significativamente diferente de todos os outros tratamentos. A maior absorção de enxofre na palha (19,2 kg ha^{-1}) também foi registada em T_4 (56 kg N ha^{-1} como USG + PM @ 3 t ha^{-1}) que foi significativamente superior a todos os outros tratamentos.

A absorção total de enxofre variou de 19,9 a 36,4 kg ha^{-1} devido a vários tratamentos. O tratamento T_4 (56 kg N ha^{-1} como USG + PM) deu a maior absorção total de enxofre, que foi estatisticamente semelhante ao tratamento T_6

(112,5 kg N ha^{-1} como USG ha^{-1}), mas significativamente diferente de todos os outros tratamentos. A absorção total de enxofre pelo BRRI dhan49 devido aos diferentes tratamentos foi classificada na ordem de $T_4 > T_6 > T_5 > T_7 > T_2 > T_3 > T_1$. Esses resultados estão de acordo com Parvez *et al.* (2008), que encontraram um aumento significativo na absorção de S pelo arroz devido à aplicação de adubos e fertilizantes.

Tabela: 4.6 Efeito do USG, PU e PM na absorção de S pelo BRRI dhan49

Tratamento	Absorção de S (kg ha-1)			
	Grãos	Palha	Total (cereais + palha)	% de aumento em relação ao controlo
T1	10.0d	9.9d	19.9d	-
T2	13.2bc	13.4c	26.6bc	33.7
T3	12.6c	13.2c	25.8c	29.6
T4	17.2a	19.2a	36.4a	82.9
T5	15.8ab	15.8bc	31.6ab	58.8
T6	15.5ab	17.2ab	32.7a	64.3
T7	13.8bc	13.1c	26.9bc	35.2
SE (±)	0.52	0.67	1.17	-

Os valores na coluna com a mesma letra não são significativamente diferentes ao nível de 0,05 de probabilidade por DMRT. T1: Controle, T2: 56 kg N ha-1 como USG; T3: 83,5 kg N ha-1 como PU; T4: 56 kg N ha-1 como USG +PM (3,0 t ha-1); T5: 83,5 kg N ha-1 como PU +PM (3,0 t ha-1); T6: 112,5 kg N ha-1 como USG; T7: 165,0 kg N ha-1 como PU.

CAPÍTULO 5
RESUMO E CONCLUSÃO

A experiência foi conduzida no Laboratório de Campo de Ciência do Solo da Universidade Agrícola do Bangladesh, Mymensingh, durante a estação do aman de 2011, para descobrir o efeito do USG, PU e PM na química da água dos campos de arroz e no crescimento e rendimento do BRRI dhan49. Os tratamentos foram distribuídos aleatoriamente em sete parcelas individuais. Os tratamentos foram os seguintes:

Tratamento	Descrição
T1	Controlo
T2	56 kg N ha-1 como USG
T3	82,5 kg N ha-1 como PU
T4	56 kg N ha-1 como USG +PM (3,0 t ha-1)
T5	82,5 kg N ha-1 como PU + PM (3,0 t ha-1)
T6	112,5 kg N ha-1como USG
T7	165,0 kg N ha-1 como PU

Plântulas de trinta e cinco dias de idade de BRRI dhan49 foram transplantadas em agosto de 2011 com um espaçamento de 20 cm x 20 cm. Super fosfato triplo, muriato de potássio, gesso e sulfato de zinco foram aplicados em todas as parcelas experimentais como basal à taxa de 15 kg P, 50 kg K, 15 kg S e 2,5 kg ha^{-1} respetivamente. PM bem decomposto @ 3 t ha^{-1} foi incorporado nas parcelas pelos seguintes tratamentos aos 6 dias antes do transplante de BRR1 dhan49. USG (0,9 g e 1,8 g) foi colocado a 6 cm a 8 cm de profundidade aos 7 dias após o transplante. Amostras de água foram coletadas nas parcelas experimentais. O período de amostragem foi de 7 dias consecutivos após cada aplicação de fertilizante e as amostras foram recolhidas à mesma hora todos os dias. As amostras de água foram filtradas e depois mediram-se a CE e o pH. Foi adicionado 1,0 ml de HCl 0,5N a cada amostra de água e, em seguida, as amostras foram armazenadas no frigorífico, satisfazendo os requisitos de escuridão e baixas temperaturas, para posterior análise química. A amostra de água foi analisada quanto à concentração de NH_4^+ . As operações culturais foram efectuadas como e quando necessário. A cultura foi colhida na maturidade a 28 de novembro de 2011. Foram seleccionados aleatoriamente cinco montes de cada parcela, que foram cortados ao nível do solo e levados para o laboratório para registar os caracteres que contribuem para o rendimento. Os rendimentos de grãos e palha por parcela foram registados após a colheita. As amostras de grãos e palha foram analisadas quanto aos teores de N, P, K e S. Todos os dados foram analisados estatisticamente para examinar os efeitos dos tratamentos na cultura.

A concentração de NH_4^+ -N na água foi maior quando o PU foi aplicado ao solo em comparação com a aplicação do USG. A maior concentração de NH_4^+ na água foi observada no segundo dia de aplicação de PU e depois diminuiu com o progresso do tempo. O pH da água aumentou com o aumento de NH_4^+ na água. A CE das amostras de água foi maior na primeira amostragem e diminuiu nas amostras 2nd e 3rd em todos os tratamentos.

Os caracteres que contribuem para a produção, como altura da planta, perfilhos efetivos em colina^{-1} , comprimento da panícula e panícula de grãos cheios^{-1} foram influenciados por diferentes tratamentos. A altura da planta do BRRI dhan49 variou de 73,9 cm no T_1 (controle) a 90,8 cm no T_4 (56 kg N ha^{-1} como USG +PM @ 3,0 t ha^{-1}). A planta mais alta encontrada no T_4 (56 kg N ha^{-1} como USG +PM @ 3.0 t ha^{-1}) foi estatisticamente idêntica àquelas encontradas no T_6 (112.5 kg N ha^{-1} como USG). O número de perfilhos efetivos na colina^{-1} devido aos diferentes tratamentos variou de 10,3 em T_1 (controle) a 13,9 em T_4 (56 kg N ha^{-1} como USG +PM). A aplicação de 56 kg N ha^{-1} como USG mais PM @ 3.0 t ha^{-1} (T_4) produziu maior número de perfilhos efetivos na colina^{-1} que foi estatisticamente idêntico ao T_6 (112.5 kg N ha^{-1} como USG) mas estatisticamente superior aos outros tratamentos.

O comprimento da panícula variou entre 17,9 cm no tratamento T_1 (controlo) e 21,2 cm no T_4 (56 kg N ha^{-1} como USG +PM @ 3,0 t ha^{-1}). O maior comprimento de panícula (21,2 cm) em T_4 (56 kg N ha^{-1} como USG +PM @ 3,0 t ha^{-1}) foi estatisticamente idêntico aos encontrados em T_6 (112,5 kg N ha^{-1} como USG), T_7 (165.0 kg N ha^{-1} como PU), T_5 (82,5 kg N ha^{-1} como PU + PM @ 3,0 t ha^{-1}), T_3 (82,5 kg N ha^{-1} como PU), T_2 (56 kg N ha^{-1} como USG) mas diferente de T_1 (controlo).

O número de grãos cheios na panícula^{-1} variou de 81,0 no T_1 (controlo) a 118,2 no T_4 (56 kg N ha^{-1} como USG +PM @ 3,0 t ha^{-1}). O número de grãos cheios na panícula^{-1} foi encontrado nos tratamentos T_4 (56 kg N ha^{-1} como USG +PM @ 3.0 t ha^{-1}), T_6 (112.5 kg N ha^{-1} como USG), T_7 (165.0 kg N ha^{-1} como PU), T_5 (82.5 kg N ha^{-1} como PU + PM @ 3,0 t ha^{-1}) e T_2 (56 kg N ha^{-1} como USG) foi estatisticamente idêntico mas estatisticamente significativo do encontrado em T_3 (82,5 kg N ha^{-1} como PU) e T_1 (controlo). O peso de 1000 grãos não foi influenciado significativamente devido à aplicação de USG combinado com PM.

A aplicação de 56 kg N ha^{-1} como USG +PM @ 3,0 t ha^{-1} (T_4) produziu o maior rendimento de grãos e palha, que foi estatisticamente semelhante aos encontrados em T_6 (112,5 kg N ha^{-1} como USG) e T_5 (82,5 kg N ha^{-1} como PU + PM @ 3,0 t ha^{-1}), mas significativamente superior aos outros tratamentos. O maior rendimento biológico encontrado no T_4 (56 kg N ha^{-1} como USG +PM @ 3.0 t ha^{-1}) foi estatisticamente semelhante aos encontrados no T_6 (112.5 kg N ha^{-1} como USG) e T_5 (82.5 kg N ha^{-1} como PU + PM @ 3.0 t ha^{-1}) mas significativamente superior aos outros tratamentos. Os tratamentos em estudo resultaram num aumento de 23,6% a 55,2% no rendimento biológico em relação ao controlo.

A absorção máxima de azoto pelo grão (64,2 kg ha^{-1}) e pela palha (40,9 kg ha^{-1}), bem como a absorção total (105,1 kg ha^{-1}) foi registada no tratamento T_4 (56 kg N ha^{-1} como USG + PM) e o valor mínimo foi registado no controlo (T_1). A absorção total de azoto mais elevada foi aumentada em 141,1% em relação à testemunha.

Os tratamentos T_4 (56 kg N ha^{-1} como USG + PM @ 3.0 t ha^{-1}), T_6 (112.5 kg N ha^{-1} como USG) e T_5 (82.5 kg N ha^{-1} como PU + PM @ 3.0 t ha^{-1}) foram estatisticamente semelhantes nos seus efeitos na absorção total de P. O aumento percentual na absorção total de fósforo em relação ao controle variou de 35,9% a 114,8%. A maior absorção total de potássio de 125,2 kg ha^{-1} encontrada no tratamento T_4 (56 kg N ha^{-1} como USG + PM @ 3,0 t ha^{-1}) foi significativamente superior a todos os outros tratamentos. O aumento na absorção total de potássio pelo BRRI dhan49 sobre o controlo variou de 56,2% a 163,5%.

A absorção total de enxofre variou de 19,9 a 36,4 kg ha^{-1} devido a vários tratamentos. O tratamento T_4 (56 kg N ha^{-1} como USG + PM) deu o maior consumo total de enxofre, que foi estatisticamente semelhante ao tratamento T_6 (112,5 kg N ha^{-1} como USG ha^{-1}), mas significativamente diferente de todos os outros tratamentos. O aumento percentual na absorção total de S pelo arroz variou de 33,7 a 82,9% em relação ao controlo.

A partir das observações acima, ficou evidente que os tratamentos T_4 (56 kg N ha^{-1} como USG + PM @ 3,0 t ha^{-1}), T_6 (112,5 kg N ha^{-1} como USG) e T_5 (82,5 kg N ha^{-1} como PU + PM @ 3.0 t ha^{-1}) foram estatisticamente idênticos, mas o uso de 3,0 t PM ha^{-1} com 56 kg N ha^{-1} como USG pode ser uma escolha melhor, considerando o menor uso de PU e maior uso de PM. No entanto, a aplicação de PM @ 3,0 t ha^{-1} com 56 kg N ha^{-1} como USG pode ser praticada em diferentes AEZs para fazer inferência.

REFERÊNCIAS

Agarwal, S.K. e Sharma, S.D. 1992. Effect of sources of nitrogen on the production of rice (*Oryza sativa* L.). Indian J. Agril. Res. 26(2): 71-76.

Ahammed, N. 2008. Efeito do tempo e da taxa de aplicação de azoto no crescimento, rendimento e teor de proteínas do grão de arroz cv. BRRI dhan41. Tese de Mestrado. Depto. Agron. Bangladesh Agril. Univ. Mymensingh. pp. 25-32.

Ahmed, M. e Rahman, S. 1991. Influência da matéria orgânica no rendimento e na nutrição mineral do arroz moderno e nas propriedades do solo. Bangladesh Rice J. 2(1-2): 107-112.

Ahmed, M.H., Islam, M.A., Kader, M.A. e Anwar, M.P. 2000. Avaliação de supergrânulos de ureia como fonte de azoto no transplante de arroz aman. Pakistan J. Biol. Sci. 3(5): 735-737.

AIS (Serviço de Informação Agrícola). 2008. Diário Krishi. Khamar Bari, Farmgate, Dhaka.

Akhter, S. 1999. Efeito do espaçamento entre linhas e do supergranulado de ureia no rendimento e nos caracteres que contribuem para o rendimento do arroz T. aman. Tese de Mestrado. Depto. Agron. Bangladesh Agril. Univ. Mymensingh. 33p.

Ali, M. 1985. Nitrogen fertilizer efficiency in two major rice soils of Bangladesh. Inter. Rice Res. Newsl. 10(6): 23-24.

Ali, M.I. 1994. Nutrient balance for sustainable agriculture. Documento apresentado no workshop de Gestão Integrada de Nutrientes para uma agricultura sustentável, realizado no SRDI, Dhaka, 26-28 de junho de 1994.

Azad, B.S. e Leharia, S.K. 2002. Maximização do rendimento do arroz (*Oryza sativa* L.) através da gestão integrada de nutrientes em condições de regadio. Environ. Ecol. 20(30): 532-539.

Babu, B.T.R., Reddy, V.C. e Yogananda, S.B. 2000. Performance of rainfed lowland rice varieties under different nutrient sources (Desempenho de variedades de arroz de sequeiro de terras baixas sob diferentes fontes de nutrientes). Current Res. Uni. Agril. Sci. Bangalore. 29 (3-4): 51-53.

Bair, W. 1990. Caracterização do ambiente de agricultura sustentável no Trópico Semi-Árido. In: Proc. Agricultura Sustentável. Issues, Perspectives and Prospects Semi Arid Tropics (Ed. Singh, R.P.) Hydrabad, India. Indian Soc. Agron. pp 1; 90-124.

BBS (Gabinete de Estatística do Bangladesh). 2004. Statistical Yearbook of Bangladesh.24th edn. Plan. Div. Mins. Planeamento. Governo da Republica Popular do Bangladesh. Bangladesh, Dhaka.

BBS (Gabinete de Estatística do Bangladesh). 2005. Statistical Pocketbook of Bangladesh. Plano. Div. Mins. Governo de Planeamento da República Popular. Bangladesh Dhaka. 183-211.

BES (Estratégia Económica do Bangladesh). 2010. Consultor Económico da Microdivisão. Divisão de Finanças. Minis. Finanças. Governo da Republica Popular do Bangladesh. Bangladesh, Dhaka.

Balasubramaniyan, P. e Palaniappan, S. P. 1989. Influência da fertilização com azoto orgânico e inorgânico no crescimento e rendimento do arroz de terras baixas. Indian J. Agron. 34(1): 64-66.

Bhardwaj, A.K. e Singh, Y. 1993. Aumento da eficiência da utilização de azoto através de materiais de ureia modificados em arroz inundado em Mollisols. Annals. Agril. Res. 14(4): 448-451.

Bhuiya, M.R. e Akhand, M.S. 1982. Efeito de diferentes fontes de materiais orgânicos isolados e em combinação com dois níveis de fertilizantes nos parâmetros de crescimento e composição do arroz. Bangladesh J. Agric. 7(3-4): 32-39.

Bhuiyan, N.I., Miah, M.A.M. e Ishaque, M. 1998. Research on USG: Findings and Future Research Areas and Recommendation (Investigação sobre o USG: resultados, áreas de investigação futura e recomendações). Documento apresentado no Workshop Nacional sobre Tecnologia de Supergrânulos de Ureia, realizado no BARC Dhaka, Bangladesh, em 25 de junho de 1998.

BINA. 1996. Relatório anual para 1993-94. Bangladesh Inst. Nucl. Agric., P. O. Box. 4. Mymensingh. p. 175.

Black, C.A. 1965. Methods of Soil Analysis, Part-I e II. American Society Agron. Inc. Pub. Madison, Wisconsin, EUA.

Bowen, W.T., Diamand, R.B., Singh, U. e Thompson, T.P. 2005. A colocação em profundidade de ureia aumenta o rendimento e poupa fertilizante azotado nos campos dos agricultores no Bangladesh. Rice in life: Perspectivas científicas para o século 21st . In: Proc. World Rice Res. Conf. realizada em Tsukuba, Japão, 4-7 Nov.2004. pp. 369-372.

Brady, N.C. e Weil, R.R. 2002. The Nature and Properties of Soils (11th edn.). Prentice Hall, Inc. Estados Unidos da América.

Broadbent, F.E. 1978. Transformações do azoto em solos inundados. Em Soils and rice; Ponnamperuma, F.N., ed.; International Rice Research Institute: Los Banos, Filipinas, 543-559.

BRRI (Instituto de Investigação do Arroz do Bangladesh) 1995. Ann. Inter. Rev. 1994. BRRI, Gazipur: 25-28.

BRRI (Instituto de Investigação do Arroz do Bangladesh) 2007. Adhunik Dhaner Chash (em bengali). 16th edn. Bangladesh Rice Res. Inst., Joydebpur, Gazipur. pp.17-30.

Budhar, M.N., Palaniappan, S.P. e Rangassamy, A.1991. Efeito dos resíduos agrícolas e dos adubos verdes no arroz de terras baixas. Indian J. Agron. 36(2): 251-252.

Buresh, R.J. 1987. Volatilização de amoníaco a partir de ureia colocada no ponto em solos arenosos de terras altas. Fertilizer Res., 12, 263-268.

Calendacion, A.N., Garrity, D.P., Batugal, P.A., De-Datta, S.K. e Datta, S.K 1990. Aumento da produtividade e da rentabilidade através de um sistema de cultivo de rotação de arroz com sementes húmidas de batata. Philippines J. Crop Sci. 15(2): 85-98.

Chakravorti, S.P., Chalam, A.B. e Mohanty, S.K. 1989. Eficiência comparativa da ureia comprimida e do supergrânulo de ureia para o arroz de terras húmidas. J. Indian Soc. Soil. Sci. 37(1): 177-179.

Chalam, A.M., Chakravorti, S.P. e Mohanty, S.K. 1989. Eficiência comparativa de supergrânulos de ureia e ureia comprimida para arroz de terras baixas (*Oryza sativa* L.) usando 15^{N} . Indian J. Agril. Sci. 59(6): 400-401.

Channabasavanna, A.S. e Birandar, D.P. 200la. Resposta do arroz irrigado à aplicação de estrume de aves e fertilizantes inorgânicos N, P e K em Karnataka, Índia. Int. Rice Res. Notes. 26(2): 64-65.

Channabasavanna, A.S. e Birandar, D.P. 2001b. Rendimento e atributos de rendimento do arroz de verão transplantado influenciados por adubos orgânicos e níveis de zinco. J. Maharashtra Agric. Univ. 26(2): 170-172.

Das, K.P.B. 2011. Efeito da PM e do fertilizante azotado no crescimento e rendimento do arroz boro cv. BRRI dhan45. Tese de Mestrado. Dept. Agron. Bangladesh Agril. Univ. Mymensingh. pp.31 - 45.

Das, S. e Singh, T.A. 1994. Eficiência da utilização do azoto pelo arroz e parâmetros da água de inundação afectados pelas técnicas de colocação de fertilizantes. J. Indian Soc. Soil Sci. 42(1): 46-50.

De Datta, S.K. 1978. Gestão de fertilizantes para uso eficiente em solos de arroz de zonas húmidas. Em Soils and Rice; Ponnamperuma, F.N., edn. Instituto Internacional de Investigação do Arroz: Los Banos, Filipinas, 671-701.

De Datta, S.K. 1981. Principles and Practices of Rice Production; John Wiley and Sons, Inc.: Nova Iorque.

De Datta, S.K. 1985. Disponibilidade e gestão do azoto no arroz de terras baixas em relação às características do solo. Em Wetland Soils: Characterization, Classification, and Utilization; Banta, S.J., edn. Instituto Internacional de Investigação do Arroz: Los Banos, Filipinas, 247-267.

De Datta, S.K. 1987. Avanços na investigação da fertilidade do solo e gestão de fertilizantes azotados para arroz de terras baixas. In Efficiency of Nitrogen Fertilizers for Rice; Banta, S.J., edn. Instituto Internacional de Investigação do Arroz: Los Banos, Filipinas, 27-40.

Dhane, S.S., Khadse, R.R., Patil, V.H. e Sauant, N.K. 1989. Efeito do USG colocado em profundidade com adubo verde limitado no rendimento do arroz transplantado. Inter. Rice Res. Newsl. 14(4): 31.

Dhyani, B.P., Kumar, V., Shahi, U.P., Vivek, Sharma, R.D., Singh, P.S.2007. Economia, potencial de rendimento e saúde do solo do sistema de cultivo de arroz (*Oryza sativa* L.)-trigo (*Triticum aestivum*) sob fertilização a longo prazo. Indian J. Agril. Sci. 77(12): 859-861.

Ding, H., Guxin, C., Yuesi, W., e Deli, C. 2002. Perda de nitrificação-desnitrificação e emissão de N_2 O a partir de ureia aplicada a sistemas de culturas-solo na planície do Norte da China. Actas do 17th Congresso Mundial de Ciência do Solo, CD Transactions; Kheoruenromne, I., edn.; Symp. No. 7, artigo No. 214. 14-21 de agosto. Banguecoque, Tailândia, 1-13.

Dongarwar, U.R., Patankar, M.N. e Pawar. W.S. 2003. Resposta do arroz a diferentes níveis de fertilidade. J. Soils Crops. 13(1): 120-122.

Dubey, S.K. e Bisen, C.R. 1989. Nitrogen uptake by rice as influenced by different levels, sources and methods of nitrogen application. *Oryza sativa* L. 26(1-2): 37-42.

Dwivedi, A.P., Dixit, R.S. e Singh, G.R. 2006. Efeito dos níveis de azoto, fósforo e potássio no crescimento, rendimento e qualidade do arroz híbrido (*Oryza sativa* L.). Dept. Agron. N. D. Univ. Agric. and Technol., Kumarganj, Faizabad, Uttar Pradesh, Índia. 43(1): 64-66.

Fang, H., Jun, X., Xian, H., Qin, Z., Ping, H., Jian, W., Fang, Q. 2010. Efeitos da combinação de fertilizantes orgânicos e inorgânicos na fertilização de campos de arroz com baixa produtividade e rendimento de arroz. Guizhou Agril.Sci. (9): 54-56.

Fillery, I.R.P. e Vlek, P.L.G. 1982. A importância da desnitrificação do azoto aplicado em solos de arroz em pousio e cultivados sob diferentes regimes de inundação. I. Experiências em estufa. Plant Soil, 65: 153-169.

Gomez, K.A., e Gomez, A.A. 1984. Statistical Procedures for Agricultural Research. John Wilely and Sons. New York.

Gupta, A.P., Neve, H.J. e Singh, V.P. 1995. Aumento da produtividade através da aplicação de fertilizantes fosfatados e estrume de aves de capoeira em terras altas ácidas. Annals. Biol. 11(2): 151-157.

Gurung, G.B. e Sherchan, D.P. 1993. Estudo sobre o efeito da aplicação a longo prazo de composto e fertilizantes químicos no rendimento das culturas e nas propriedades físico-químicas do solo numa cultura de arroz-trigo. Pakhribas Agricultural Centre, Kathmunda, Nepal, PAC working paper no. 87, pp.6.

Hasan, S.M. 2007. Efeito de níveis de supergrânulos de ureia no desempenho do arroz T. aman. Tese de Mestrado. Depto. Agron. Bangladesh Agril. Univ. Mymensingh.

Hasan, M.K., Sarker, M.A.R. e Hassan, A.K. 2004. Efeito da gestão integrada de fertilizantes à base de estrume de aves de capoeira no crescimento e rendimento do arroz aromático. Bangladesh J. Seed Sci. Tech. 8(1 e 2) L: 97-103.

Henna, D.P, e Baeon, P.E. 1988. Effect of nitrogen fertilizer on crop growth and nitrogen use efficiency by rice varieties in South Eastern Australia. In: efficiency of nitrogen fertilizer for rice. Manila, Filipinas, IRRI. pp. 97105.

Hossain, M.A., Salahuddin, A.B.M., Ray, S.K., Nasreen, S. e Ali, M.A. 1995. Efeito da adubação verde no crescimento e no rendimento do arroz aman transplantado. Bangladesh J. Agril. Sci. 22(1): 21-29.

Hussain, J. 2008. Avaliação da eficiência da utilização de azoto utilizando ureia comprimida e ureia supergranulada no transplante de arroz aman. Tese de Mestrado. Depto. Agron. Bangladesh Agril. Univ. Mymensingh.

Islam, M.M. 2001. Resposta de supergrânulos de ureia e megagrânulos de ureia com ou sem Nimin em arroz boro (cv. BRRI dhan29). Tese de Mestrado. Departamento de Ciência do Solo, Bangladesh Agril. Univ. Mymensingh.

Jahan, M.M. 2007. Efeito de supergrânulos de ureia e estrume de aves de capoeira no desempenho do transplante de arroz aman cv. BRRI dhan41. Tese de Mestrado. Depto. Agron. Bangladesh Agril. Univ. Mymensingh.

Jee, R.C. e Mahapatra, A.K.I.1989. Efeito do tempo de aplicação de alguns fertilizantes N de libertação lenta no arroz. Indian J. Agron. 34(4): 435-436.

Jena, D., Misra, C. e Bandyopadhyay, K.K. 2003. Effect of prilled urea and urea super granules on dynamics of ammonia volatilization and N use efficiency of rice. J. Indian Soc. Soil Sci. 51(3): 257-261.

Jena, D., Mishra, B. K., Dash, A. K. e DAS, A. K. 2004. Transport of nitrogen contained in urea super granule placed in flooded rice soils. J. Indian Soil Sci. 52(3): 242-247.

Jeong, E., Shin, Y., Oh, Y., Choi, I. Shin, Y., Jeong, E.K., Shin, Y.B., Oh, Y.B., Choi, I.H. e Shin, Y.S. 1996. Efeitos da aplicação de matéria orgânica no crescimento do arroz e na qualidade dos grãos. J. Agril. Res. 38(1): 17-26.

Johnkutty, I., e Mathew, P.B. 1992. Ureia de grânulos grandes, fontes eficientes e económicas de N para o arroz de terras húmidas. Intl. Rice Res. Newsl. 17(3): 16-17.

Jun, Q., Mei, Y.T., Feng, X., Zhang, Y.L., Ping, L. 2011.Redução da aplicação de fertilizantes azotados em diferentes sistemas de rotação de culturas em arrozais da zona de Taihu. Zhongguo Shengtai Nongye Xuebao / Chinese J. Eco Agric. 19(1): 24-31.

Kamal, J., Tomy, P.J. e Rajaappan Nair, N. 1991. Effect of source and levels of nitrogen on the growth, yield and nitrogen use efficiency of wetland rice. Indian J. Agron. 36(1): 40-43.

Keeney, D.R. 1982. Nitrogen management for maximum efficiency and minimum pollution. Nitrogen in Agricultural Soils; Stevenson, F.J., ed.; American Soc. Agron., Crop Sci. Soc. America, and Soil Sci. Soc. America: Madison, Wisconsin, 605-649.

Keeney, D.R. e Sahrawat, K.L. 1986. Transformações do azoto em solos de arroz inundados. Fertil. Res., 9: 15-38.

Kennedy, I.R. 1992. Acid Soil and Acid Rain, 2nd edn.; Research Studies Press Ltd.: Taunton, Reino Unido.

Kennedy, I.R., Choudhury, A.T.M., e Kecskes, M.L. 2004. Diazotróficos bacterianos não simbióticos em sistemas de cultivo: Poderá o seu potencial de promoção do crescimento das plantas ser melhor explorado? Soil Biol. Biochem, 36: 1229-1244.

Khalil, M.I., Rosenani, A.B., Van Cleemput, O., Shamshuddin, J., & Fauziah, C.I. 2002b. Produção de óxido nitroso de um ultisol tratado com diferentes fontes de azoto e regimes de humidade. Biol. Fert. Soils, 36, 59-65.

Krishnappa, M., Kenchaiah, K., Patil, B.N., Balakrishna Rao, B.K. e Janardhana, N.A. 1986. Eficiência dos fertilizantes N de libertação lenta no arroz em solo costeiro de Karnataka. Inter. Rice Res. Newsl. 11(3): 25.

Kumar, N. e Singh, C.M. 1983. Resposta do arroz transplantado e inundado a formas de libertação lenta de azoto no vale de Kangra, Himachal Pradesh. *Oryza* 20(2/3): 100-103.

Kuppuswamy, G., Jeyahal, A. e Laksmanan, A.R. 1992. Efeito do chorume bio digerido enriquecido e FYM no crescimento e rendimento do arroz. Hort. Sci. Digest (Kerala). 15(2): 104.

Lal, P., Gautam, R.C., Bisht, P.S. e Pandey, P.C. 1988. Avaliação agronómica e económica do supergrânulo de ureia e da ureia revestida de enxofre no arroz transplantado. Indian J. Agron. 33(2): 186-190.

Lin, M., Zhang, X.L., Jiang, X.F., Wang, Q.J., Huang, Q.W., Xu, Y.C., Yang, X. M., Shen, Q.R. 2009. Efeitos da substituição parcial de azoto mineral por azoto de fertilizante orgânico nos rendimentos de grãos de arroz e na sua taxa de substituição adequada. Sci. Agric. 42(2): 532-552.

Lu, X.L., Cai, D.T. e Shi, R.H. 1991. Efeitos de adubos orgânicos e fertilizantes inorgânicos na produção de arroz efeitos de 15^{N} excrementos de galinha marcados e ureia. J. Nanjing Agril. Univ. 14(3): 79-82.

Mahavishnan, K., Reddy, A.S. e Rekha, K.B. 2004. Efeito de fontes orgânicas de nutrientes para plantas em conjunto com fertilizantes químicos no crescimento, rendimento e qualidade do arroz. Res. Crops. 14(2-3): 159-261.

Mamun, M.A.A. 2008. Efeito de doses de azoto aplicadas como ureia comprimida e supergranulado de ureia no crescimento e rendimento de BRRI dhan31. Tese de Mestrado. Depto. Agron. Bangladesh Agril. Univ. Mymensingh.

Manickam, T.S. e Ramaswami, P.P. 1985. Influência do nível e da fonte de N no rendimento do arroz. Inter. Rice Res. Newsl. 10(5): 28.

Mashkar, N.V e Thorat, S.T. 2005. Effect of nitrogen levels on NPK uptake and grain yield of scented rice varieties under Konkan condition. Nagpur, Índia: J. Soils Crops. 15(1): 206-209.

Maskina, M.S., Sandhu, P.S. e Meelu, O.P. 1985. Effect of integrated use of organic and inorganic nitrogen sources on growth and nutrient composition of rice seedlings. *Oryza sativa* L. 22(1): 11 -16.

Maskina, M.S., Singh, Y., Singh, B., Singh, Y. e Singh, B. 1988. Resposta do arroz de várzea ao fertilizante N em um solo corrigido com esterco de gado, aves e suínos. Bio. Wastes. 261(1): 1-8.

Mazumder, M.R., Bhuyia, M.S.U. e Hussain, S.M.A. 2005. Efeito do nível de N e da aplicação fraccionada no desempenho do arroz aman transplantado cv. BRRI dhan31. Bangladesh J. Agril. Sci. 31(2): 183-188.

Mikkelsen, D.S., De Datta, S.K., e Obcemea, W.N. 1978. Perdas por volatilização de amoníaco em solos de arroz inundados. Soil Sci. Soc. Am. J., 42: 725-730.

Mishra, B.K., Misra, S., Dash, A.K. e Jena, D. 1999. Efeito do tempo de colocação do supergrânulo de ureia (USG) no arroz de terras baixas. Annals. Agril. Res. 20(4 443-447.

Mizan, R. 2010. Efeito do azoto e do espaçamento entre plantas no rendimento do arroz boro cv. BRRI dhan45. Tese de Mestrado. Depto. Agron. Bangladesh Agril. Univ. Mymensingh. pp.32.

Mohanty, S.K., Chakravorti, S.P. e Bhadrachalam, A. 1989. Estudos de balanço de azoto no arroz utilizando 15^{N} ureia marcada e USG. J. Agric. Sci. 113(1):119-121.

Mohanty, S.K., Singh, U., Balasubramanian, V. e Jha, K.P. 1999. Nitrogen deep placement technologies for productivity, profitability, and environmental quality of rainfed lowland rice systems. Nutr. Cycl. Agroecosyst. 53:43-57.

Mohapatra, P. 1988. Efeito de diferentes práticas de gestão do azoto nas perdas de azoto aplicado em arroz de várzea. Tese de doutoramento. Utkal Univ., Vanivihar [J. Agril. Sci. Cambridge. 113(1): 109-112].

Mondal, S.S., Joyaram, D. e Pradhan, B.K. 1990. Effect of fertilizer and farmyard manure on the yield and yield components of rice (*Oryza sativa* L.) Environ. Ecol. 8 (1): 223-226.

Mulvaney, R.L., Khan, S.A., & Mulvaney, C.S. 1997. Os fertilizantes azotados promovem a desnitrificação. Biol. Fert. Soils, 24, 211-220.

Murad, M.M. 2011. Efeito do USG, PU, PM e espaçamento de transplante no crescimento, rendimento e componentes de rendimento do arroz boro cv. BRRI dhan29. Dissertação de Mestrado. Dept. Agron. Bangladesh Agril. Univ. Mymensingh. pp. 36-48.

Narayan, A.M. e Thangamuthu, G.S. 1991. Effect of nitrogen management and nursery on grain and straw yields of rice. Madras Agric. J. 78(9-12): 310-312.

Ogbodo, E.N. 2005. Resposta do arroz (*Oryza sativa* L.) a adubos orgânicos e inorgânicos num Ultisol. J. Agric. Forestry Soc. Sci. 3(1): 9-14.

Page, L.R., Miller, R.H. e Keency, O.R. 1989. Methods of Soil Analysis. Par II, 2nd edn. American Soc. Agron. Inc. Pub. Madison, Wisconsin, U.S.A.

Pandey, A. e Tiwari, K.L. 1996. Efeito da ureia comprimida, ureia modificada e ureia revestida no arroz transplantado. Adv. Agril. Res. India. 5: 83-85.

Parvez, M.S., Islam M.R., Begum M.S., Rahman e Abedin M. J. 2008. Utilização integrada de estrumes e fertilizantes para maximizar o rendimento do BRRI dhan30. J. Bangladesh Soc. Agric. Sci. Technol. 5(1 e 2): 257-260.

Piper, C.S. 1950. Soil and Plant Analysis. Universidade de Adelaide, Hassel, Austrália.

Qian, H., Xiu, M.L., Rong, G.L., Zhang, L., Ren, Y.L., Lan, Y.H., Hua, J., Hong, S.C., Quan, W.F. 2011. Efeito da aplicação de fertilizante orgânico-inorgânico localizado a longo prazo no rendimento do arroz e na fertilidade do solo na área de solo vermelho da China. Scientia Agricultura Sinica. 44(3): 516-523.

Rahman, M.S., Islam, M.R., Rahman, M.M. e Hossain, M.I. 2009. Efeito do estrume de vaca, do estrume de aves e da ureia no rendimento e na absorção de nutrientes do BRRI dhan29. Bangladesh Res. Pub. J. 2(2): 552-558.

Rahman, M.H. 2006. Efeito do estrume de aves e do fertilizante inorgânico no crescimento e rendimento do arroz transplantado. Tese de Mestrado. Depto. Agron. Bangladesh Agril. Univ. Mymensingh.

Rahman, M.A. 2001. Uso integrado de fertilizantes e estrume para a produção de culturas em padrões de cultivo de trigo e arroz. Tese de doutoramento. Departamento de Ciências do Solo, Universidade Agrícola do Bangladesh, Mymensingh.

Rahman, M.A. 2003. Efeito dos níveis de supergrânulos de ureia e da profundidade de colocação no crescimento e rendimento do arroz transplantado aman. Tese de Mestrado. Depto. Agron. Bangladesh Agril. Univ., Mymensingh. 100p.

Rajni Rani, Srivastava, O. P. e Rani, R. 2001. Efeito da integração de produtos orgânicos com fertilizantes N no arroz e na absorção de N. Fertilizer Newsl. 46(9): 63-65.

Raja, R.A., Hussain, M.M. e Reddy, M.N. 1987. Eficiência relativa de materiais de ureia modificados para arroz de terras baixas. Indian J. Agron. 32(4): 460-462.

Rajagopalan, S. e Palaniasamy, S. 1985. Efeito do material de ureia de libertação lenta no rendimento do arroz. Inter. Rice Res. Newsl. 10(6): 27-28.

Rajput, A.L., Warsi, A.S. e Verma, L.P. 1992. Efeito residual de diferentes materiais orgânicos e níveis de azoto no trigo cultivado depois do arroz (*Oryza sativa* L.). Indian J. Agron. 37(4): 783-784.

Ram, S., Chauhan, R.P.S., Singh, B.B. e Singh, V.P. 2000. Utilização integrada de azoto orgânico e fertilizante no arroz (*Oryza sativa* L.) em solo sodado parcialmente recuperado. Indian J. Agril. Sci. 70(2): 114-116.

Rambabu, P., Pillai, K.G. e Reddy, S.N. 1983. Efeito de materiais modificados e seus métodos de aplicação na produção de matéria seca, rendimento e absorção de azoto no arroz. *Oryza*. 20(2/3): 86-90.

Rani, N., Sidhu, B.S. e Beri, V. 2009. Produção, qualidade e economia de arroz (*Oryza sativa* L.) e trigo (*Triticum aestivum*) biológicos na agricultura de regadio. Indian J. Agril. Sci. 79(1): 20-24.

Rao, E.V.S.P. e Prasad, R. 1980. Perdas por lixiviação de azoto de fertilizantes azotados convencionais e novos na cultura do arroz de terras baixas. Plant Soil, 57: 383-392.

Rao, K.S. e Morthy, B.T.S. 1994. Gestão integrada do azoto no arroz de planície irrigado. Inter. Rice Res. Notes. 19(3): 21.

Rathore, A.L., Chipde, S.J. e Pal, A.R. 1995. Direct and residual effects of bio organic and inorganic fertilizers in rice (*Oryza sativa* L.) - wheat (*Triticum aestivum*) cropping system. Indian J. Agron. 40(1): 14-19.

Razib, A.H. 2010. Desempenho de três variedades sob diferentes níveis de aplicação de azoto. Tese de Mestrado. Depto. Agron. Bangladesh Agril. Univ. Mymensingh. pp.63 - 64.

Reddy, V.C., Ananda, M.G. e Murthy, K.N.K. 2004. Efeito de diferentes adubos orgânicos no crescimento e rendimento do arroz. Ecol. 22(4): 622-626.

Reddy, G.R.S., Reddy, G.B., Ramaiah, N.V. e Reddy, G.V. 1991. Efeito de diferentes níveis de azoto e forma de ureia no crescimento e rendimento do arroz de zonas húmidas. Indian J. Agron. 31(2): 195-197.

Rekhi, R.S., Bajwa, M.S. e Starr, J.L. 1989. Eficiência da ureia comprimida e dos supergrânulos de ureia em solos de percolação rápida. Intl. Rice Res. Newsl. 14(20: 28-29.

Rony, M.K.I. 2008. Efeitos do nível de estrume de aves com ou sem fertilizantes NPK no rendimento e na qualidade do arroz. Tese de Mestrado. Depto. Agron. Bangladesh Agril. Univ. Mymensingh.

Roy, B. 1985. Eficiência da utilização de azoto em arroz transplantado com o método de colocação de pontos. *Oryza*, 22(10: 53-56.

Salam, M.A., Forhad, A., Anwar, M.P. e Bhuiya M.S.U. 2004. Efeito do nível de azoto e da data de transplante no rendimento e nos atributos de rendimento do arroz transplantado aman segundo o método SRI. J. Bangladesh Agril. Univ. 2(1): 31-36.

Sarkar, R.K. e Bastia, D. 1991. Eficiência relativa do transportador de N de libertação lenta no arroz de planície de sequeiro. Indian Agric. 35(1): 39-44.

Satayarayana, V., Prasead, P.V.V., Murthy, V.R.K. e Bodty, K.J. 2002. Influência da utilização integrada de fertilizantes inorgânicos nas componentes de rendimento do arroz irrigado de terras baixas. J. India Soc. Soil Sci. 87 (1-3): 90-93.

Savant, N.K., Crasewer, E.T. e Diamond, R.B. 1983. Uso de supergrânulos de ureia para arroz de terras húmidas: uma revisão. Fertilizer News. 18(8): 27-35.

Sen, A. e Pandey, B.K. 1990. Efeito da profundidade de colocação de supergrânulos de ureia. Inter. Rice Res. Newsl. 15(4): 18.

Sen, A., Gulatin, J.M.L. e Mohanty, J.K. 1985. Efeitos da colocação de azoto como USG na zona radicular sobre o rendimento do arroz de zonas húmidas. *Oryza*. 22(1): 40-44.

Shahabuddin, Q.S., Uddin, M.Z. e Hossain, M. 1999. Determinação da oferta e da procura de arroz no Bangladesh: tendência recente e projeção. Soc. Sci. Div. Intl. Rice Res. Inst. Phillippines. Série de Documentos de Discussão No.99-102.

Sharma, A.R. e Mitra, B.N. 1990. Efeitos complementares de fertilizantes orgânicos, biológicos e minerais no sistema de cultivo de arroz. Fert. Newsl. 35(2):43-51.

Siddika, N. 2007. Efeito da gestão do azoto com ureia comprimida, ureia supergranulada e carta de cores das folhas no desempenho do arroz transplantado aman (cv. BR 14). Tese de Mestrado. Dept. Agron. Bangladesh Agril. Univ. Mymensingh. pp.35, 42-44.

Sidhu, M.S., Sikka, R. e Singh, T. 2004. Desempenho do arroz Basmati transplantado em diferentes sistemas de cultivo, afetado pela aplicação de N. Intl. Rice Res. Notes. 29(1): 63-65.

Singh, S.P. e Pillai, K.G. 1994. Resposta ao azoto em variedades de arroz perfumado semi-anão. Intl. Rice Res. Newsl. 19(4): 17.

Singh, B., Singh, Y., Maskina, M.S. e Meelu, O.P. 1996. O valor do estrume de aves de capoeira para o arroz de terras húmidas cultivado em rotação com o trigo. Ciclo de nutrientes. Agro-ecosystems. 47(3):243-250.

Singh, B., Singh, Y., Maskina, M.S. e Meelu, O.P. 1987. O estrume de aves de capoeira como fonte de N para o arroz de zonas húmidas. Inter. Rice Res. Newsl. 12(6):37-38.

Singh, S.P., Devi, B.S. e Subbiah, S.V. 1998. Efeito dos níveis de N e do tempo de aplicação no rendimento de grãos do arroz híbrido. Intl. Rice Res. Newsl. 23(1): 25.

Singh, B., Srivastava, O.P. e Singh, B. 1989. Utilização de supergrânulos de ureia para aumentar a eficiência da utilização de azoto no arroz. Farm Sci. J. 4 (1-2): 75-81.

Singh, B.K. e Singh, R.P. 1986. Efeito de materiais de ureia modificados no arroz transplantado em terras baixas de sequeiro e o seu efeito residual na cultura de trigo seguinte. Indian J. Agron. 31(2): 198-200.

Singh, D. e Om, H. 1993. Efeito do tempo de aplicação de azoto no rendimento do arroz de curta duração cv. Pussa 33. Haryana. J. Agron. 9(1): 88-89.

Singh, F., Kumar, R., Pal, S. 2008. Integrated nutrient management in rice-wheat cropping system for sustainable productivity (Gestão integrada de nutrientes no sistema de cultivo arroz-trigo para uma produtividade sustentável). J. Indian Soc. Soil Sci. 2008; 56(2): 205-208.

Singh, G., Singh, O.P., Yadav, R.A., Singh, R. S. e Singh, B.B. 1993. Effect of N source and levels of nitrogen on grain yield, yield contributes, N-uptake, recovery and response by the deep water condition. Crop Res. (Hisar). 2(6): 214-216.

Singh, G.R., Parihar, S.S. e Charue, N.K. 2001. Efeito do estrume de aves de capoeira e da sua combinação com azoto no sistema de cultivo arroz-trigo. Indian Agriculturist. 45(3-4): 235-240.

Singh, R.N., Singh, S. e Kumar, B. 2005. Effect of integrated nutrient management practices in rice in farmer's fields. J. Res. Birsa Agril. Univ. 17: 185-189.

Singh, S. e Shivay, Y.S. 2003. Revestimento de ureia comprimida com neem ecológico (*Azadirachta indica* A. Juss.). Ata Agroninica, Hungarica. 51(1): 53-59.

Singh, Y., Malhi, S.S., Nyborg, M., e Beauchamp, E.G. 1994. Grânulos grandes, ninhos ou faixas: Métodos para aumentar a eficiência da ureia aplicada no outono para pequenos grãos de cereais na América do Norte. Fert. Res., 38, 61-87.

Sommer, S.G., Scjoerring, J.K., e Denmead, O.T. 2004. Emissão de amoníaco de fertilizantes minerais em culturas fertilizadas. Adv. Agron., 82, 557-622.

Tahir, H., Zaki, Z.H. e Jilani, G. 1991. Comparação de várias combinações de fertilizantes orgânicos e inorgânicos para a produção económica de arroz. Pakistan J. Soil Sci. 6(1-2): 21-24.

Tahura, S. 2011. Efeito da PM e fertilizantes nitrogenados no crescimento e rendimento do arroz aman transplantado. Dissertação de Mestrado. Depto. Agron. Bangladesh Agril. Univ. Mymensingh. pp. 37-66.

Tomar, S.S. e Verma, J.K. 1993. Efeito da ureia modificada e dos níveis de azoto na sua eficiência e estado no solo em condições de transplantação de arroz. Indian J. Agril. Res. 27(3-4): 185-194.

Umanah, E.E., Ekpe, E.G., Ndon, B.A., Etim, M.E. e Agbogu, M.S. 2003. Efeitos do estrume de aves de capoeira nas características de crescimento, rendimento e componentes de rendimento do arroz de terras altas no Sudeste da Nigéria. J. Sustainable Agric. Environ. 5(1): 105-110.

Usman, M., Ullah, E., Warriach, E.A. Muhammad, F. e Liaqat, A. 2003. Efeito de adubos orgânicos e inorgânicos no crescimento e rendimento da variedade de arroz "Basmati-2000". Int. J. Agril. Biol. 5(4): 481-483.

Velu, V. e Ramanathan, K.M. 2001. Balanço de azoto no ecossistema de arroz de zonas húmidas influenciado pelo tipo de solo. Madras Agricultural J., 87: 21-25.

Vennila, C. 2007. Gestão integrada do azoto para o sistema de dupla cultura arroz + daincha com sementes húmidas. J. Soils Crops. 17(1): 14-17.

Verma, T.S. e Dixit, S.P. 1989. Paddy straw management in wheat-paddy cropping in North-West Himalayan soils. Asso. Rice Res. Workers. India *Oryza*. 26: 48-60.

Vlek, P.L.G., Byrnes, B.H., e Craswell, E.T. 1980. Effect of urea placement on leaching losses of nitrogen from flooded rice soils. Plant Soil, 54: 441-449.

Wani, A.R., Hasan, B. e Bali, A.S. 1999. Eficiência relativa de alguns materiais de ureia modificados em arroz transplantado em condições temperadas de Caxemira. *Oryza*. 36(4): 382-383.

Wang, C.H. 2004. Resposta da produção de arroz à colocação em profundidade de fertilizante e cobertura de azoto na fase de iniciação da panícula e seu diagnóstico de aplicação de fertilizante. Taiwanese J. Agril. Chem. Food Sci.42 (5): 383-395.

Wopereis, P.M.M., Watanable, H., Moreira, J. Wopereis, W.C.S. 2002. Efeito da aplicação tardia de azoto no rendimento do arroz, qualidade do grão e rentabilidade no Vale do Rio Senegal. European J. Agron. 17(3): 191-198.

Xing, G.X. e Zhu, Z.L. 2000. Uma avaliação da perda de N dos campos agrícolas para o ambiente na China. Ciclo de nutrientes. Agroecossistemas, 57: 67-73.

Yamada, Y., Ahmed, S., Alcantara, A. e Khan, N.H. 1981. Estudo da eficiência do nitrogénio em condições de arroz inundado; uma revisão do estudo de entradas. China. Inst. Soil Sci., Academia Sinica, Nanjing: Proc. Symp. paddy soil. pp.588-596.

APÊNDICE

Apêndice 1. Temperatura média mensal, precipitação, humidade relativa, horas de sol durante o período de investigação (agosto a dezembro de 2011) no campus da BAU, Mymensingh

Mês	Temperatura do ar (^{0} C)			Relativo Humidade (%)	Precipitação (mm)	Luz do sol (hrs)
	Máximo	Mínimo	Média			
agosto	31.32	26.28	28.8	86.94	741.0	119.5
setembro	32.17	26.08	29.13	84.43	239.5	171.0
outubro	32.34	23.78	28.06	76.45	17.1	229.1
novembro	28.75	16.87	22.81	82.23	00.00	208.9
dezembro	24.48	13.64	19.06	83.58	00.00	155.3

Fonte:

Estaleiro meteorológico

Departamento de Irrigação e Gestão da Água

Universidade Agrícola do Bangladesh

Mymensingh

Printed by Books on Demand GmbH, Norderstedt / Germany